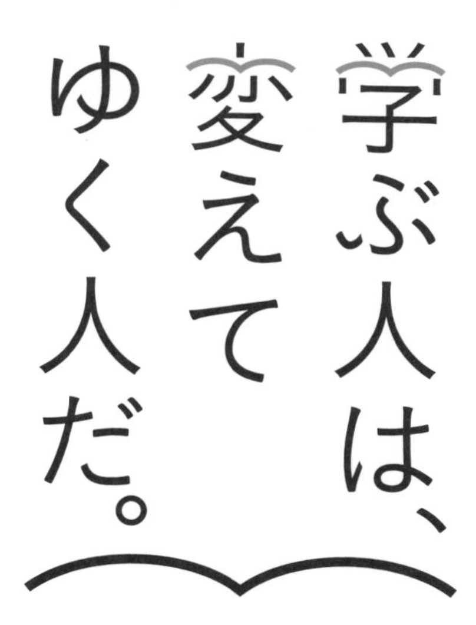

目の前にある問題はもちろん、

人生の問いや、

社会の課題を自ら見つけ、

挑み続けるために、人は学ぶ。

「学び」で、

少しずつ世界は変えてゆける。

いつでも、どこでも、誰でも、

学ぶことができる世の中へ。

旺文社

はじめに

『高校入試合格でる順シリーズ』は，高校入試に向けた学習を効率よくするための問題集です。
このシリーズでは，実際に出題された高校入試問題を分析し，入試に必要なすべての単元を，出題率の高い順に並べています。出題率が高い順に学習することで，入試までの時間を有効に使うことができます。

本書はそれぞれの単元に，くわしいまとめと，入試過去問題を掲載しています。問題を解いていてわからないことがでてきたら，まとめにもどって学習することができます。入試に向けて，わからないところやつまずいたところをなくしていきましょう。また，入試問題は実際に出題されたものを掲載していますので，本番と同じレベルの問題で実力を試すことができます。

本書がみなさんの志望校合格のお役に立てることを願っています。

旺文社

本書の特長と使い方

本書は，高校入試の問題を旺文社独自に分析し，重要な単元を入試に「でる順」に並べた問題集です。入試直前期にも解ききれる分量になっており，必要な知識を短期間で学習できます。この問題集を最後まで解いて，入試を突破する力を身につけましょう。

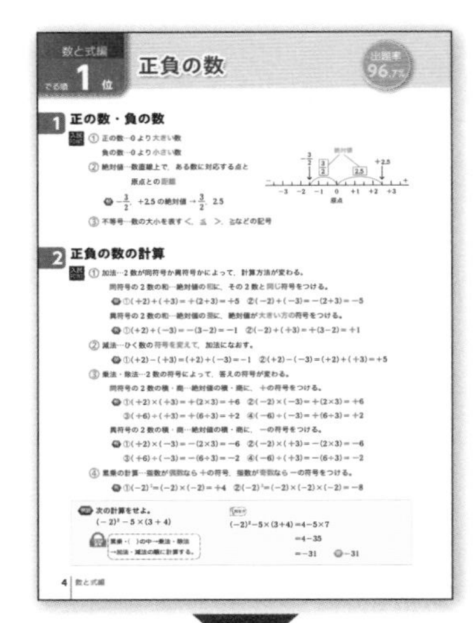

STEP 1 まとめ

各単元の重要な項目をコンパクトにまとめています。

入試で問われやすいことがら

入試POINTに関連した例題

入試POINTを理解したり、例題を解いたりするときのポイント

ミス注意 入試で間違いやすいことがら

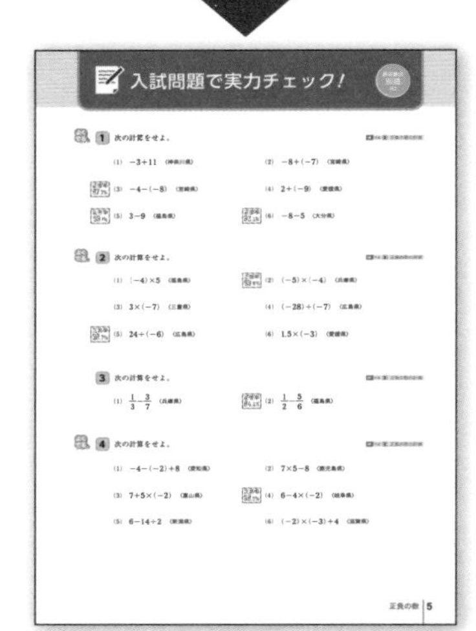

STEP 2 入試問題で実力チェック！

実際の入試問題で学んだ知識を試してみましょう。

入試によくでる問題

知識だけでなく，考える力が試される問題

発展的な問題

正答率が50%以上の問題

正答率が50%未満の問題

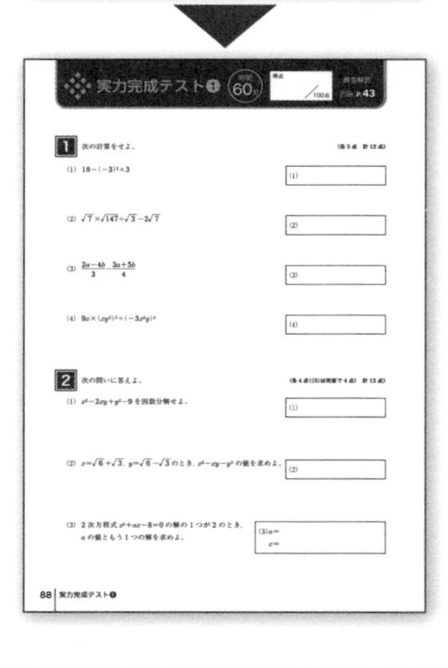

実力完成テスト

オリジナルの実力完成テストを2回分収録しています。
最後の力試しにどのぐらい解けるか，挑戦してみてください。

もくじ

編集協力：有限会社マイプラン 橋爪洋介
装丁・本文デザイン：牧野剛士
組版・図版：株式会社ユニックス
校正：三宮千抄
鈴木恵未
山下聡
吉川貴子

数と式編

でる順 1 位

正負の数

出題率 96.7%

1 正の数・負の数

入試POINT

① 正の数…0 より大きい数

負の数…0 より小さい数

② 絶対値…数直線上で，ある数に対応する点と原点との距離

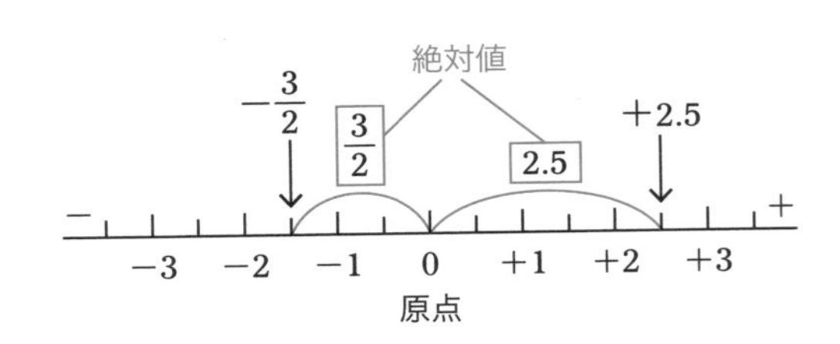

例 $-\frac{3}{2}$，$+2.5$ の絶対値 → $\frac{3}{2}$，2.5

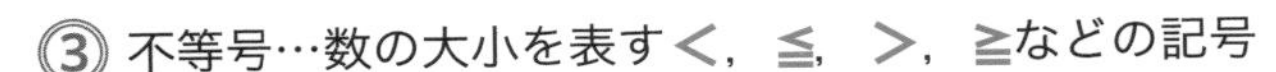

③ 不等号…数の大小を表す＜，≦，＞，≧などの記号

2 正負の数の計算

入試POINT

① 加法…2 数が同符号か異符号かによって，計算方法が変わる。

同符号の 2 数の和…絶対値の和に，その 2 数と同じ符号をつける。

例 ①$(+2)+(+3)=+(2+3)=+5$ ②$(-2)+(-3)=-(2+3)=-5$

異符号の 2 数の和…絶対値の差に，絶対値が大きい方の符号をつける。

例 ①$(+2)+(-3)=-(3-2)=-1$ ②$(-2)+(+3)=+(3-2)=+1$

② 減法…ひく数の符号を変えて，加法になおす。

例 ①$(+2)-(+3)=(+2)+(-3)=-1$ ②$(+2)-(-3)=(+2)+(+3)=+5$

③ 乗法・除法…2 数の符号によって，答えの符号が変わる。

同符号の 2 数の積・商…絶対値の積・商に，＋の符号をつける。

例 ①$(+2)\times(+3)=+(2\times3)=+6$ ②$(-2)\times(-3)=+(2\times3)=+6$

③$(+6)\div(+3)=+(6\div3)=+2$ ④$(-6)\div(-3)=+(6\div3)=+2$

異符号の 2 数の積・商…絶対値の積・商に，－の符号をつける。

例 ①$(+2)\times(-3)=-(2\times3)=-6$ ②$(-2)\times(+3)=-(2\times3)=-6$

③$(+6)\div(-3)=-(6\div3)=-2$ ④$(-6)\div(+3)=-(6\div3)=-2$

④ 累乗の計算…指数が偶数なら＋の符号，指数が奇数なら－の符号をつける。

例 ①$(-2)^2=(-2)\times(-2)=+4$ ②$(-2)^3=(-2)\times(-2)\times(-2)=-8$

例題 次の計算をせよ。

$(-2)^2-5\times(3+4)$

累乗・(　)の中→乗法・除法→加法・減法の順に計算する。

解き方

$(-2)^2-5\times(3+4)=4-5\times7$

$=4-35$

$=-31$

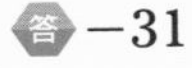

答 −31

入試問題で実力チェック！

よくでる **1** 次の計算をせよ。

➡ P.4 2 正負の数の計算

(1) $-3+11$ 〈神奈川県〉

(2) $-8+(-7)$ 〈宮崎県〉

正答率 97.7% (3) $-4-(-8)$ 〈宮崎県〉

(4) $2+(-9)$ 〈愛媛県〉

正答率 99.1% (5) $3-9$ 〈福島県〉

正答率 93.5% (6) $-8-5$ 〈大分県〉

2 次の計算をせよ。

➡ P.4 2 正負の数の計算

(1) $(-4)\times 5$ 〈福島県〉

正答率 99.6% (2) $(-5)\times(-4)$ 〈兵庫県〉

(3) $3\times(-7)$ 〈三重県〉

(4) $(-28)\div(-7)$ 〈広島県〉

正答率 98.2% (5) $24\div(-6)$ 〈広島県〉

(6) $1.5\times(-3)$ 〈愛媛県〉

3 次の計算をせよ。

➡ P.4 2 正負の数の計算

(1) $\dfrac{1}{3}-\dfrac{3}{7}$ 〈兵庫県〉

正答率 84.3% (2) $\dfrac{1}{2}-\dfrac{5}{6}$ 〈福島県〉

➡ P.4 2 正負の数の計算

(1) $-4-(-2)+8$ 〈愛知県〉

(2) $7\times 5-8$ 〈鹿児島県〉

(3) $7+5\times(-2)$ 〈富山県〉

正答率 89.0% (4) $6-4\times(-2)$ 〈岐阜県〉

(5) $6-14\div 2$ 〈新潟県〉

(6) $(-2)\times(-3)+4$ 〈滋賀県〉

5 次の計算をせよ。

P.4 2 正負の数の計算

(1) $15\div(-5+2)$ 〈沖縄県〉

(2) $-7+8\div\dfrac{1}{2}$ 〈東京都〉

(3) $1+3\times\left(-\dfrac{2}{7}\right)$ 〈和歌山県〉

(4) $\dfrac{10}{3}+2\div\left(-\dfrac{3}{4}\right)$ 〈和歌山県〉

正答率 87.6% (5) $\left(\dfrac{1}{3}+\dfrac{2}{9}\right)\times(-18)$ 〈山梨県〉

正答率 77.3% (6) $\left(-\dfrac{2}{5}+\dfrac{4}{3}\right)\div\dfrac{4}{5}$ 〈山形県〉

6 次の計算をせよ。

P.4 2 正負の数の計算

(1) $\dfrac{3}{2}\times(-2)^2$ 〈岩手県〉

正答率 83.8% (2) $7+3\times(-2^2)$ 〈大分県〉

正答率 91.9% (3) $-2^2+(-4)^2$ 〈山梨県〉

正答率 95.4% (4) $(-4)^2+3\times(-2)$ 〈千葉県〉

(5) $6-(-3)^2\times5$ 〈京都府〉

(6) $-3\times(-2)-2^2$ 〈大分県〉

7 次の計算をせよ。

P.4 2 正負の数の計算

正答率 85.3% (1) $1-6^2\div\dfrac{9}{2}$ 〈東京都〉

(2) $\dfrac{7}{6}\div\left(-\dfrac{7}{2}\right)+\dfrac{3}{4}$ 〈茨城県〉

(3) $4-3^2\times\left(-\dfrac{2}{3}\right)$ 〈千葉県〉

8 次の[　　]にあてはまる不等号を答えよ。 〈山口県〉

➡ P.4 1 正の数・負の数

> 小数第一位を四捨五入すると 40 になる数を x とする。
> このとき，x のとりうる値の範囲は，
> $39.5 \leqq x$ [　　] 40.5 である。

考力 **9** $0 < a < b$ のとき，$a+b$，$a-b$，ab，$\frac{b}{a}$のうち，式の値が最も小さいものはどれか。 〈福島県〉

➡ P.4 1 正の数・負の数

考力 **10** 2 つの整数 a，b がある。a は負の数で，絶対値が-5 の絶対値より小さい。$a+b=1$ となるような a，b の組を 1 組書け。 〈鹿児島県〉

➡ P.4 1 正の数・負の数

考力 **11** a を負の数とするとき，次の**ア**～**オ**の式のうち，値が最も大きいものを 1 つ選び，記号を書け。 〈大阪府〉

➡ P.4 1 正の数・負の数

ア $-a$　　**イ** $-\frac{1}{2}a$　　**ウ** $\frac{1}{a}$　　**エ** a　　**オ** $2a$

文字式の計算

出題率 91.5%

1 多項式の計算

入試POINT ① 分配法則 $m(x+y)=mx+my$ を使って( )をはずし，同類項をまとめる。

② 「計算せよ」では同類項をまとめる。

例 $3(2a+1)-2(a-3)=6a+3-2a+6=4a+9$

③ 分母を通分して，分子の式の同類項をまとめる。

例 $\frac{3x+y}{2}-\frac{5x-y}{3}=\frac{3(3x+y)}{6}-\frac{2(5x-y)}{6}=\frac{9x+3y-10x+2y}{6}=\frac{-x+5y}{6}$

2 単項式の乗法・除法

入試POINT ① 乗法…同じ文字の積は，指数を使って累乗の形で表す。 例 $a\times a\times a=a^3$

② 除法…分数の形で表して，約分する。 例 $6a^2\div 3a=\frac{6a^2}{3a}=\frac{6\times a\times a}{3\times a}=2a$

③ 乗除混合の式…$\mathrm{A}\div\mathrm{B}\times\mathrm{C}=\frac{\mathrm{A}\times\mathrm{C}}{\mathrm{B}}$，$\mathrm{A}\times\mathrm{B}\div\mathrm{C}=\frac{\mathrm{A}\times\mathrm{B}}{\mathrm{C}}$，$\mathrm{A}\div\mathrm{B}\div\mathrm{C}=\frac{\mathrm{A}}{\mathrm{B}\times\mathrm{C}}$の形で計算する。

3 式の値

入試POINT ① 文字式の文字に数を代入して計算する。

② 代入は，同類項をまとめて式を簡単にしてからする。

例 $x=2$，$y=-3$ のとき，$(3x+2y)-(4x+3y)$の値を求めよ。

(求め方) $(3x+2y)-(4x+3y)=3x+2y-4x-3y=-x-y$

これに $x=2$，$y=-3$ を代入して，$-2-(-3)=-2+3=1$

例題 次の計算をせよ。
$4a^2b\div 3ab\times 6ab^2$

ココがカギ
① $\mathrm{A}\div\mathrm{B}\times\mathrm{C}=\frac{\mathrm{A}\times\mathrm{C}}{\mathrm{B}}$の形にする。
②分母と分子で，同じ文字や数を約分する。

解き方 $4a^2b\div 3ab\times 6ab^2=\frac{4a^2b\times 6ab^2}{3ab}$

$=\frac{4\times a\times a\times b\times 6\times a\times b\times b}{3\times a\times b}$

$=8a^2b^2$ 答 $8a^2b^2$

4 式の変形

入試POINT ① ある文字 a を含む等式から a を求める式をつくることを，はじめの等式を a について解くという。

例題 $S=\frac{1}{2}ah$ を h について解け。

ココがカギ 「$h=$～」の形になるように等式を変形する。

解き方 両辺を入れかえ，両辺を 2 倍して，$ah=2S$

両辺を a でわって，$h=\frac{2S}{a}$ 答 $h=\frac{2S}{a}$

入試問題で実力チェック！

よくでる **1** 次の計算をせよ。

→ P.8 1 多項式の計算

(1) $9a-5a$ 〈埼玉県〉

正答率 91.2% (2) $\frac{2}{3}a+\frac{1}{4}a$ 〈栃木県〉

(3) $\frac{4}{5}x-\frac{2}{3}x$ 〈三重県〉

(4) $2a+1-3(a-1)$ 〈富山県〉

正答率 91.8% (5) $3(a-2b)+4(-a+3b)$ 〈宮崎県〉

(6) $3(-2x+3y)-2(5x-y)$ 〈千葉県〉

正答率 93.4% (7) $5(a-2b)-2(2a-3b)$ 〈福島県〉

(8) $2(2x+y)-(x-5y)$ 〈兵庫県〉

よくでる **2** 次の計算をせよ。

→ P.8 2 単項式の乗法・除法

正答率 93.5% (1) $12ab^2\div(-2b)$ 〈神奈川県〉

(2) $(-2xy)^2\div xy^2$ 〈大阪府〉

正答率 89.7% (3) $16ab^2\div(-8ab)$ 〈山梨県〉

正答率 71.8% (4) $(-6ab)^2\div(-9ab^2)$ 〈新潟県〉

(5) $12x^2y\div3x\times2y$ 〈埼玉県〉

(6) $5y\times8x^3y\div10xy$ 〈富山県〉

正答率 70.3% (7) $3ab^2\times(-4a^2)\div6b$ 〈鳥取県〉

正答率 72.4% (8) $4x^2\div6xy\times(-9y)$ 〈大分県〉

(9) $4a^2\div6ab^2\times(-3ab)$ 〈高知県〉

(10) $10xy^2\div5y\times(-x)^2$ 〈滋賀県〉

よくでる **3** 次の計算をせよ。

➡ P.8 1 多項式の計算

(1) $\dfrac{2x-5y}{3}+\dfrac{x+3y}{2}$ 〈愛媛県〉

正答率 62.0% (2) $\dfrac{5a-b}{2}-\dfrac{a-7b}{4}$ 〈東京都〉

正答率 64.6% (3) $\dfrac{3x+y}{2}-\dfrac{2x-5y}{3}$ 〈鳥取県〉

正答率 93.3% (4) $\dfrac{4x+y}{5}-\dfrac{x-y}{2}$ 〈静岡県〉

(5) $\dfrac{8a+9}{4}-\dfrac{6a+4}{3}$ 〈京都府〉

(6) $\dfrac{2x-3}{6}-\dfrac{3x-2}{9}$ 〈愛知県〉

正答率 70.7% (7) $\dfrac{3a+b}{4}-\dfrac{a-7b}{8}$ 〈東京都〉

(8) $\dfrac{3(x+2y)}{2}-\dfrac{x+9y}{3}$ 〈愛知県〉

正答率 82.9% (9) $\dfrac{x+2y}{3}+\dfrac{x-y}{5}$ 〈大分県〉

(10) $\dfrac{2}{3}(2x-3)-\dfrac{1}{5}(3x-10)$ 〈愛知県〉

(11) $\dfrac{1}{2}(3x-4)-\dfrac{1}{6}(9x-7)$ 〈神奈川県〉

(12) $\dfrac{1}{5}(3x-2)-\dfrac{1}{3}(x+1)$ 〈静岡県〉

4 次の問いに答えよ。

➡ P.8 3 式の値

正答率 89.4%

(1) $a=2$, $b=-3$ のとき，$a+b^2$ の値を求めよ。 〈栃木県〉

正答率 89.3%

(2) $a=-3$ のとき，a^2+4a の値を求めよ。 〈鳥取県〉

(3) $x=-1$, $y=\frac{7}{2}$ のとき，x^3+2xy の値を求めよ。 〈山口県〉

(4) $x=8$, $y=-6$ のとき，$5x-7y-4(x-2y)$ の値を求めよ。 〈京都府〉

(5) $a=9$, $b=-8$ のとき，$(12ab-8b^2)\div 4b$ の値を求めよ。 〈静岡県〉

5 次の問いに答えよ。

➡ P.8 4 式の変形

正答率 75.0%

(1) $4x+2y=6$ を y について解け。 〈岐阜県〉

(2) $m=\frac{1}{2}(a+b)$ を b について解け。 〈福井県〉

(3) 半径が r の円の周の長さ L は，円周率を π とすると，次のように表される。

$L=2\pi r$

この式を r について解け。 〈岩手県〉

平方根

出題率 89.5%

1 平方根の定義と性質

入試POINT

①定義…2 乗すると $a(a>0)$ になる数を **a の平方根**といい，正の方を$\sqrt{a}$，負の方を$-\sqrt{a}$と表す。

例 3 の平方根→$\sqrt{3}$と$-\sqrt{3}$，4 の平方根→$\sqrt{4}=2$と$-\sqrt{4}=-2$

②性質…次の性質が成り立つ。

① $a>0$ のとき，$(\sqrt{a})^2=a$，$(-\sqrt{a})^2=a$　例 $(\sqrt{2})^2=2$，$(-\sqrt{2})^2=2$

② $a>0$ のとき，$(\sqrt{a^2})=a$，$\sqrt{(-a)^2}=a$　例 $(\sqrt{2^2})=2$，$\sqrt{(-2)^2}=2$

③ $0<a<b$ ならば，$0<\sqrt{a}<\sqrt{b}$　例 $5<7$ より，$\sqrt{5}<\sqrt{7}$

2 根号を含む式の計算

入試POINT

① 乗法…$\sqrt{a}\times\sqrt{b}=\sqrt{a\times b}$　例 $\sqrt{3}\times\sqrt{5}=\sqrt{3\times5}=\sqrt{15}$

② 除法…$\sqrt{a}\div\sqrt{b}=\dfrac{\sqrt{a}}{\sqrt{b}}=\sqrt{\dfrac{a}{b}}$　例 $\sqrt{3}\div\sqrt{5}=\dfrac{\sqrt{3}}{\sqrt{5}}=\sqrt{\dfrac{3}{5}}$

③ 分母の有理化…分母に根号がない形にすることを分母を**有理化する**という。

例 $\dfrac{\sqrt{3}}{\sqrt{5}}=\dfrac{\sqrt{3}\times\sqrt{5}}{\sqrt{5}\times\sqrt{5}}=\dfrac{\sqrt{15}}{5}$

④ $a\sqrt{b}$ の変形…$\sqrt{a^2b}=a\sqrt{b}$　例 $\sqrt{12}=\sqrt{2^2\times3}=\sqrt{2^2}\times\sqrt{3}=2\times\sqrt{3}=2\sqrt{3}$

⑤ 加法と減法…$m\sqrt{a}+n\sqrt{a}=(m+n)\sqrt{a}$，$m\sqrt{a}-n\sqrt{a}=(m-n)\sqrt{a}$

例 $2\sqrt{3}+3\sqrt{3}=(2+3)\sqrt{3}=5\sqrt{3}$，$5\sqrt{2}-2\sqrt{2}=(5-2)\sqrt{2}=3\sqrt{2}$

例題 $\sqrt{18n}$が整数となる自然数nの中で最も小さい数を求めよ。

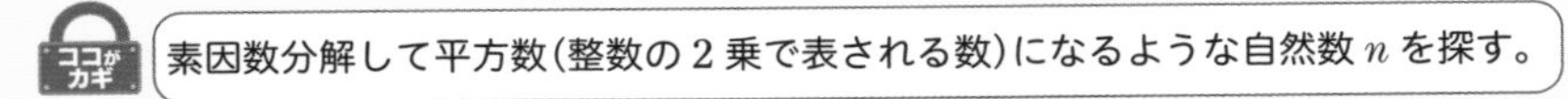

解き方 $\sqrt{18n}=\sqrt{3\times3\times2\times n}=\sqrt{3^2\times2\times n}=\sqrt{3^2}\times\sqrt{2n}=3\times\sqrt{2n}$

よって，$n=2$ のとき，$\sqrt{18n}=3\times\sqrt{2\times2}=3\times2=6$ となる。　答 2

例題 次の計算をせよ。
$\sqrt{27}-\sqrt{2}\times\sqrt{6}$

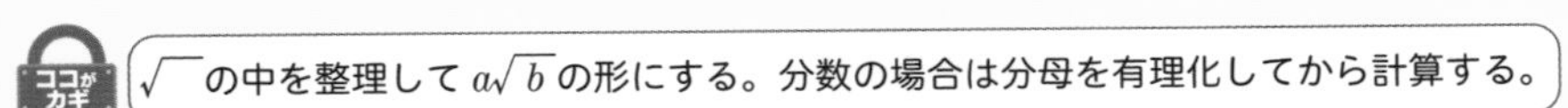

解き方 $\sqrt{27}=\sqrt{3^2\times3}=3\sqrt{3}$，$\sqrt{2}\times\sqrt{6}=\sqrt{2\times2\times3}=\sqrt{2^2}\times\sqrt{3}=2\sqrt{3}$

よって，$3\sqrt{3}-2\sqrt{3}=\sqrt{3}$　答 $\sqrt{3}$

入試問題で実力チェック！

1 次の**ア**～**エ**について，正しくないものを１つ選び，その記号を書け。 〈長崎県〉

➡ P.12 1 平方根の定義と性質

ア $\sqrt{(-2)^2}=2$ である。

イ 9 の平方根は± 3 である。

ウ $\sqrt{16}=\pm 4$ である。

エ $(\sqrt{5})^2=5$ である。

2 次の計算をせよ。

➡ P.12 2 根号を含む式の計算

(1) $\sqrt{(-9)^2}$ 〈和歌山県〉

正答率 97.6% (2) $2\sqrt{3}+\sqrt{27}$ 〈兵庫県〉

(3) $6\sqrt{7}-\sqrt{28}$ 〈埼玉県〉

正答率 88.6% (4) $\sqrt{12}\times\sqrt{45}$ 〈福島県〉

(5) $\dfrac{12}{\sqrt{6}}-3\sqrt{6}$ 〈埼玉県〉

正答率 78.3% (6) $\sqrt{24}-\dfrac{2\sqrt{3}}{\sqrt{2}}$ 〈大分県〉

3 次の計算をせよ。

➡ P.12 2 根号を含む式の計算

(1) $\sqrt{32}-\sqrt{72}+\sqrt{18}$ 〈愛知県〉

(2) $\sqrt{45}+\sqrt{5}-\sqrt{20}$ 〈富山県〉

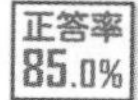

(3) $\sqrt{27}+\sqrt{3}-\sqrt{12}$ 〈岐阜県〉

正答率 55.3% (4) $3\div\sqrt{6}\times\sqrt{8}$ 〈東京都〉

(5) $\sqrt{45}+\dfrac{10}{\sqrt{5}}-\sqrt{5}$ 〈京都府〉

正答率 84.2% (6) $5\sqrt{6}-\sqrt{24}+\dfrac{18}{\sqrt{6}}$ 〈鳥取県〉

(7) $\sqrt{27}+\sqrt{6}\times\dfrac{4}{\sqrt{2}}$ 〈鹿児島県〉

(8) $\dfrac{1}{\sqrt{8}}\times4\sqrt{6}-\sqrt{27}$ 〈京都府〉

4 次の計算をせよ。

➡ P.12 2 根号を含む式の計算

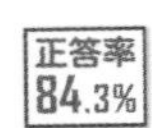

(1) $(\sqrt{27}-\sqrt{3})\times\sqrt{2}$ 〈広島県〉

(2) $\sqrt{3}(\sqrt{3}-\sqrt{15})$ 〈山梨県〉

正答率 80.7% (3) $(\sqrt{8}+\sqrt{18})\div\sqrt{2}$ 〈宮崎県〉

(4) $(\sqrt{3}+2\sqrt{7})(2\sqrt{3}-\sqrt{7})$ 〈三重県〉

(5) $(2+\sqrt{3})(\sqrt{12}-3)$ 〈佐賀県〉

正答率 78.7% (6) $(2+\sqrt{6})^2$ 〈東京都〉

(7) $(\sqrt{3}+\sqrt{2})^2$ 〈宮崎県〉

(8) $(4+\sqrt{3})(4-\sqrt{3})$ 〈富山県〉

5 次の計算をせよ。

➡ P.12 2 根号を含む式の計算

正答率 73.3% (1) $\sqrt{7}(9-\sqrt{21})-\sqrt{27}$ 〈静岡県〉

正答率 74.5% (2) $(\sqrt{3}+5)(\sqrt{3}-1)+\sqrt{12}$ 〈滋賀県〉

正答率 76.6% (3) $(\sqrt{3}+1)(\sqrt{3}+5)-\sqrt{48}$ 〈山形県〉

(4) $(\sqrt{3}+1)^2-\dfrac{6}{\sqrt{3}}$ 〈長崎県〉

正答率 54.7% (5) $(\sqrt{2}-\sqrt{3})^2+\sqrt{6}$ 〈滋賀県〉

(6) $(\sqrt{5}+\sqrt{3})^2-9\sqrt{15}$ 〈静岡県〉

(7) $(4+\sqrt{3})(4-\sqrt{3})-\dfrac{\sqrt{50}}{\sqrt{2}}$ 〈愛媛県〉

(8) $(2\sqrt{5}+1)(2\sqrt{5}-1)+\dfrac{\sqrt{12}}{\sqrt{3}}$ 〈愛媛県〉

6 次の問いに答えよ。

➡ P.12 1 平方根の定義と性質

(1) 次の**ア**～**エ**の4つの数の中で，最も大きい数と最も小さい数をそれぞれ選んで，その記号で答えよ。 〈愛知県〉

ア $\sqrt{26}$ **イ** $\sqrt{(-5)^2}$ **ウ** $2\sqrt{6}$ **エ** $\dfrac{7}{\sqrt{2}}$

(2) n を1けたの自然数とする。$\sqrt{n+18}$が整数となるような n の値を求めよ。 〈鹿児島県〉

(3) $\sqrt{10-n}$が正の整数となるような正の整数 n の値をすべて求めよ。 〈栃木県〉

(4) $\sqrt{45n}$が整数になるような自然数 n のうち，最も小さい数を求めよ。 〈山口県〉

(5) $\sqrt{\dfrac{540}{n}}$の値が整数となるような自然数 n は，全部で何通りあるか求めよ。 〈埼玉県〉

7 次の問いに答えよ。

➡ P.12 2 根号を含む式の計算

(1) $x=\sqrt{7}+4$ のとき，$x^2-8x+12$ の値を求めよ。 〈大分県〉

(2) $x=5+\sqrt{3}$，$y=5-\sqrt{3}$ のとき，$x^2+2xy+y^2$ の値を求めよ。 〈岐阜県〉

乗法公式・因数分解

出題率 56.2%

1 乗法公式

入試POINT
① $(x+a)(x+b)=x^2+(a+b)x+ab$
② $(x+a)^2=x^2+2ax+a^2$
③ $(x-a)^2=x^2-2ax+a^2$
④ $(x+a)(x-a)=x^2-a^2$

例題 次の計算をせよ。
$(x+3)^2-(x-4)(x+2)$

ココがカギ それぞれを展開したあと，(　　)を使ってひき算をし，同類項をまとめる。

解き方 $(x+3)^2-(x-4)(x+2)=x^2+6x+9-\underline{(x^2-2x-8)}$
$=x^2+6x+9\underline{-x^2+2x+8}$　←(　　)の中の符号が変わる。
$=8x+17$　答 $8x+17$

2 因数分解

入試POINT
① $x^2+(a+b)x+ab=(x+a)(x+b)$
② $x^2+2ax+a^2=(x+a)^2$
③ $x^2-2ax+a^2=(x-a)^2$
④ $x^2-a^2=(x+a)(x-a)$

因数分解の公式は，乗法公式の逆になる。

例題 次の式を因数分解せよ。
ax^2-36a

共通因数でくくってから，さらに公式で因数分解する。

解き方 $ax^2-36a=a\underline{(x^2-36)}$　←まず，共通因数でくくる。
$=a\underline{(x+6)(x-6)}$　←次に，公式で因数分解する。　答 $a(x+6)(x-6)$

入試問題で実力チェック！

よくでる **1** 次の計算をせよ。

➡ P.16 1 乗法公式

(1) $(x-3)(x+5)$ 〈沖縄県〉

正答率 95.8% (2) $(x+5)(x+4)$ 〈栃木県〉

(3) $(x-2)^2$ 〈栃木県〉

正答率 79.1% (4) $(3x-y)^2$ 〈鳥取県〉

正答率 73.9% (5) $(2a-3)^2$ 〈鳥取県〉

(6) $(a+3)(a-3)$ 〈山口県〉

正答率 93.0% (7) $(x+8)(x-8)$ 〈栃木県〉

(8) $(2x+1)(2x-1)$ 〈栃木県〉

よくでる **2** 次の式を因数分解せよ。

➡ P.16 2 因数分解

(1) $x^2+4x-12$ 〈埼玉県〉

(2) $x^2-5x-14$ 〈岩手県〉

(3) $x^2+9x-36$ 〈佐賀県〉

(4) x^2-x-20 〈埼玉県〉

(5) x^2-x-12 〈三重県〉

(6) $x^2+7x-18$ 〈埼玉県〉

正答率 82.6% (7) $x^2-8x+16$ 〈栃木県〉

正答率 65.2% (8) $9x^2-12x+4$ 〈兵庫県〉

(9) x^2-36 〈岩手県〉

正答率 86.7% (10) x^2-4y^2 〈兵庫県〉

(11) $9x^2-64$ 〈大阪府〉

3 次の計算をせよ。

➡ P.16 1 乗法公式

(1) $(a-3)(a+3)+(a+4)(a+6)$ 〈愛媛県〉

(2) $(x-2)(x+2)+(x-1)(x+4)$ 〈和歌山県〉

(3) $(x+4)(x-2)-(x-3)^2$ 〈神奈川県〉

(4) $(x+1)^2+(x-4)(x+2)$ 〈和歌山県〉

正答率 73.1% (5) $(x+4)^2+(x-1)(x-7)$ 〈高知県〉

(6) $(x-2)(x+4)+(x-3)^2$ 〈愛媛県〉

(7) $(x-4)(x-3)-(x+2)^2$ 〈愛媛県〉

(8) $(x-3)^2-(x+4)(x-4)$ 〈愛媛県〉

(9) $(x+3)(x+5)-x(x+9)$ 〈滋賀県〉

(10) $x(x+2)-(x+4)(x-3)$ 〈和歌山県〉

(11) $(x-1)(x+2)-x(x-4)$ 〈和歌山県〉

正答率 84.2% (12) $(x-3)(x+5)-(x-2)^2$ 〈神奈川県〉

(13) $(2x+1)^2-(2x-1)(2x+3)$ 〈愛知県〉

4 次の式を因数分解せよ。

➡ P.16 2 因数分解

(1) $2x^2-18$ 〈長崎県〉

正答率 60.0% (2) ax^2-9a 〈鳥取県〉

(3) $3ax^2+9ax-30a$ 〈大阪府〉

(4) $ax^2-2ax-8a$ 〈福井県〉

5 次の式を因数分解せよ。

➡ P.16 2 因数分解

(1) $x(x+7)-8$ 〈神奈川県〉

正答率 79.1% (2) $(x+1)(x-7)-20$ 〈千葉県〉

(3) $(x-5)^2+2(x-5)-63$ 〈京都府〉

正答率 83.7% (4) $(x-2)^2+6(x-2)+5$ 〈神奈川県〉

(5) $2(x-8)(x-5)-(x-8)^2$ 〈愛知県〉

(6) $a(x+y)+2(x+y)$ 〈長崎県〉

6 次の計算をせよ。

➡ P.16 2 因数分解

(1) 66^2-34^2 〈鹿児島県〉

(2) $67.5^2-32.5^2$ 〈高知県〉

数の性質・規則性

1 数の性質

入試POINT 自然数 m, n を用いて，いろいろな数を次のように表すことができる。

① 偶数…$2m$

② 奇数…$2n+1$

③ 連続する 3 つの自然数…n, $n+1$, $n+2$

④ 2 けたの自然数…$10m+n$

2 規則性

入試POINT 数や図形の並び方に規則性を見つけ，自然数 n の式で表す。

① 表…**上下左右の数**に着目して規則性を見つける。

② 図形…**図形の数や性質**に着目して規則性を見つける。

例題 右の図のように，同じ長さの棒を並べて，正方形の形を 1 番目，2 番目，3 番目，…とつくっていく。使った棒の数が 180 本となるのは何番目の図形か。

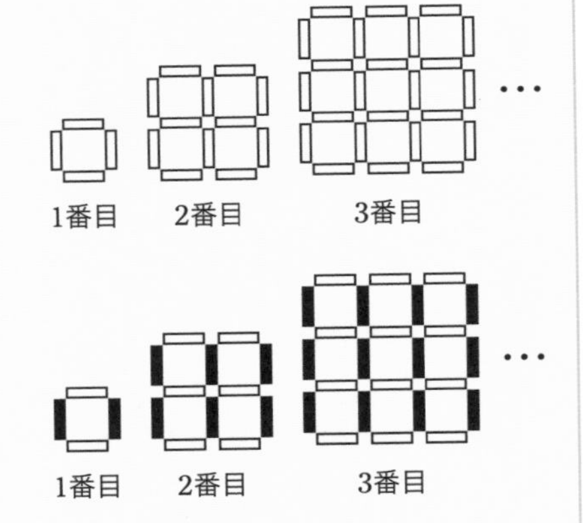

n 番目の図形について，数量を n を使った式で表す。

解き方 右の図のように，縦に並ぶ棒の数は，

1×2, 2×3, 3×4, …だから，$n(n+1)$本。

横に並ぶ棒の本数も同じ数え方ができるので，

全体の棒の数は，$2n(n+1)$本である。

$2n(n+1)=180$ より，$n^2+n=90$,

$(n+10)(n-9)=0$ より，$n=-10$, 9 $n>0$ より，$n=9$ 答 9 番目

例題 $\dfrac{48}{111}$の小数第 30 位の数は何か。

実際にわり算をして，商にたつ数の規則性を見つける。

解き方 右の図のように商がたつので，

$\dfrac{48}{111}=0.432432\cdots$

小数第 30 位の数は，$30\div3=10$ より，

432 が 10 回繰り返された最後の数なので，2 である。 答 2

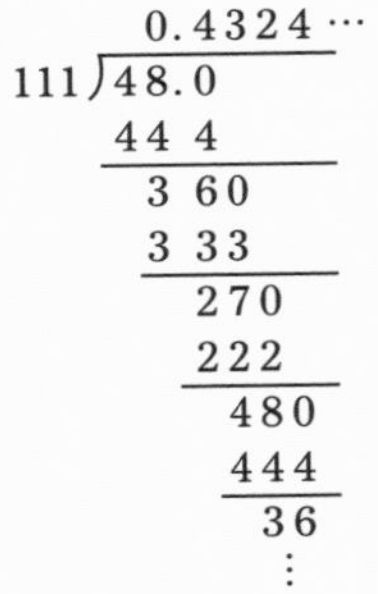

```
        0.4324…
  111 ) 48.0
        44 4
        ----
         3 60
         3 33
         ----
           270
           222
           ---
           480
           444
           ---
            36
             ⋮
```

入試問題で実力チェック！

1 a が正の数，b が負の数のとき，つねに正しいものはどれか。次の**ア**〜**エ**の中から 1 つ選べ。

〈福島県〉

➡ P.20 1 数の性質

ア　$a+b$ の計算結果は正の数　　**イ**　$a-b$ の計算結果は正の数

ウ　$a\times b$ の計算結果は正の数　　**エ**　$a\div b$ の計算結果は正の数

2 m と n は連続する正の整数である。次の**ア**〜**エ**のうちから，式の値が偶数となるものを 1 つ選び，記号で答えよ。ただし，$m<n$ とする。

〈千葉県〉

➡ P.20 1 数の性質

ア　$m+n$　　**イ**　$n-m$　　**ウ**　$m+n+2$　　**エ**　mn

3 右の図のように，1 から 10 の数が書かれたカードを次の手順にしたがって並べていく。

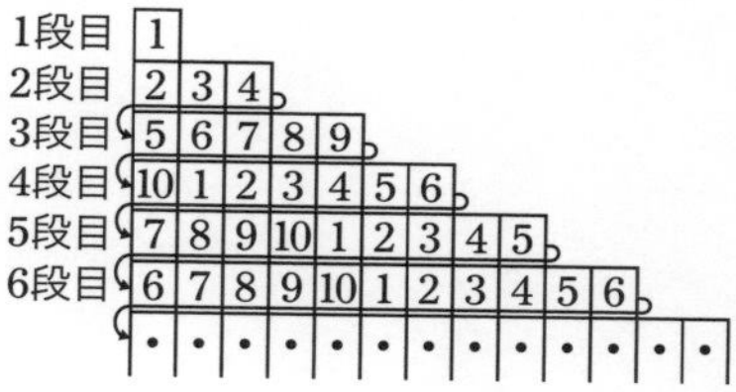

1段目 1
2段目 2 3 4
3段目 5 6 7 8 9
4段目 10 1 2 3 4 5 6
5段目 7 8 9 10 1 2 3 4 5
6段目 6 7 8 9 10 1 2 3 4 5 6
・ ・ ・ ・ ・ ・ ・ ・ ・ ・ ・ ・ ・

> 手順
> ・1 段目は 1 枚，2 段目は 3 枚，3 段目は 5 枚，… とする。
> ・カードに書かれた数が 1，2，…，10，1，2，…，10，…となるように繰り返し並べる。
> ・1 段目は 1 の数が書かれたカードとし，2 段目以降は左端から右端へ並べ，右端に並べたら，矢印のように次の段の左端から並べるものとする。

このとき，次の問いに答えよ。

〈富山県〉

➡ P.20 2 規則性

(1)　1 段目から 7 段目の右端までのカードは全部で何枚あるか求めよ。また，7 段目の右端のカードに書かれた数を求めよ。

(2)　段の右端に並ぶ 6 の数が書かれたカードだけを考えると，1 回目に 6 の数が書かれたカードが並ぶのは 4 段目であり，2 回目に並ぶのは 6 段目である。
3 回目に並ぶのは何段目か求めよ。

(3)　カードに書かれた 1 から 10 の数のうち，段の右端に並ばない数をすべて答えよ。

4 図のように，5色のリングを左から青，黄，黒，緑，赤の順に繰り返し並べていく。
右下の表は，並べたときのリングの順番と色についてまとめたものである。
このとき，次の問いに答えよ。〈和歌山県〉

➡ P.20 2 規則性

図

表

順番(番目)	1	2	3	4	5	6	7	8	9	10	11	12	13	14	…	27	…
色	青	黄	黒	緑	赤	青	黄	黒	緑	赤	青	黄	黒	緑	…	□	…

(1) 表中の□にあてはまる27番目の色を書け。

(2) 124番目までに，黒色のリングは何個あるか，求めよ。

5 下の図のように，同じ長さの棒を使って正三角形を1個つくり，1番目の図形とする。1番目の図形の下に，1番目の図形を2個置いてできる図形を2番目の図形，2番目の図形の下に，1番目の図形を3個置いてできる図形を3番目の図形とする。以下，この作業を繰り返して4番目の図形，5番目の図形，…をつくっていく。
このとき，あとの問いに答えよ。

〈富山県〉

➡ P.20 2 規則性

1番目の図形　2番目の図形　3番目の図形　4番目の図形　…

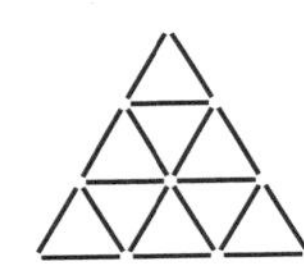
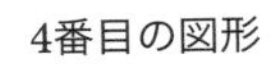
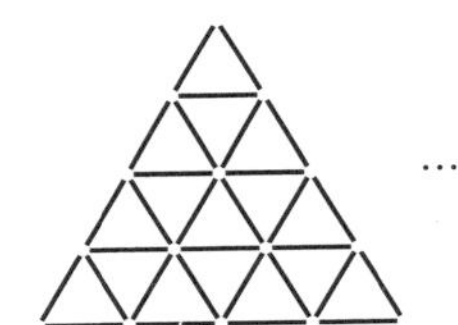

…

(1) 6番目の図形は，棒を何本使うか求めよ。

(2) 10番目の図形に，2番目の図形は全部で何個含まれているか求めよ。
例えば，4番目の図形には，下の①～③のように，2番目の図形が全部で6個含まれている。
ただし，④のように2番目の図形の上下の向きを逆にした図形は数えないものとする。

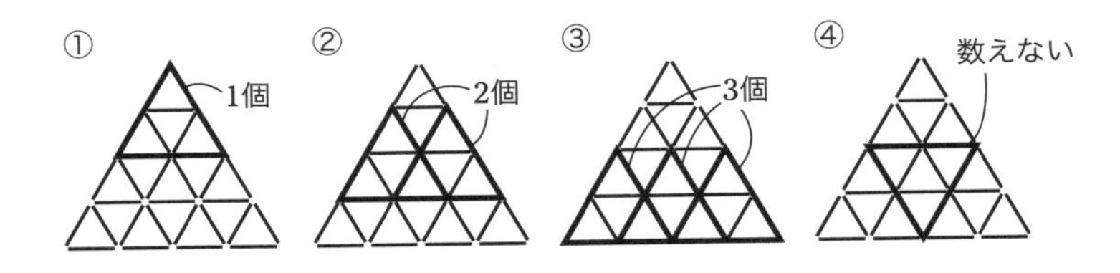

(3) 棒の総数が234本になるのは，何番目の図形か求めよ。

6 平面上に，はじめ，白の碁石が1個置いてある。次の【操作】を繰り返し行い，下の図のように，碁石を正方形状に並べていく。

【操作】 すでに並んでいる碁石の右側に新たに黒の碁石を2列で並べ，次に，下側に新たに白の碁石を2段で並べる。

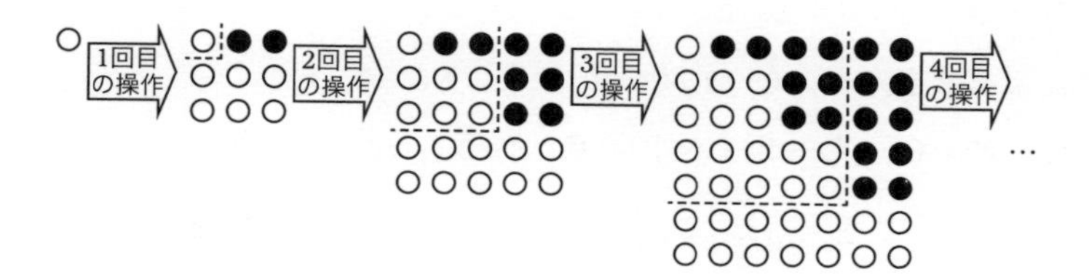

次の問いに答えよ。

〈岐阜県〉

➡ P.20 2 規則性

(1) 4回目の操作で，新たに並べる碁石について，

(i) 黒の碁石の個数を求めよ。

(ii) 白の碁石の個数を求めよ。

(2) n回目の操作を終えた後に，正方形状に並んでいる碁石の一辺の個数を，nを使った式で表せ。

(3) 次の文章は，n回目の操作を終えた後に並んでいる碁石の個数について，花子さんの考えをまとめたものである。**ア**には数を，**イ**，**ウ**，**エ**にはnを使った式を，それぞれあてはまるように書け。

はじめ，白の碁石が1個だけ置いてある。また，1回の操作で新たに並べる白の碁石の個数は，新たに並べる黒の碁石の個数より［ア］個多い。
したがって，n回目の操作を終えた後に並んでいる黒の碁石の個数をA個とすると，白の碁石の個数は，$(1+A+$［イ］$)$個と表すことができる。
また，n回目の操作を終えた後に，正方形状に並んでいる碁石の総数は，［ウ］個である。
これらのことから，方程式をつくると，

$A+(1+A+$［イ］$)=$［ウ］

となる。これを解くと，$A=$［エ］となる。
よって，n回目の操作を終えた後に並んでいる黒の碁石の個数は，［エ］個となる。

(4) 20回目の操作を終えた後に並んでいる白の碁石の個数を求めよ。

方程式編
でる順 1 位

2 次方程式

出題率 81.7%

1 2 次方程式の解法

入試POINT ① 平方根による解き方 … $(x-m)^2=n \Rightarrow x=m\pm\sqrt{n}$

例 $(x+3)^2=8 \rightarrow x+3=\pm\sqrt{8}$，$x=-3\pm2\sqrt{2}$

② 因数分解による解き方… $(x-a)(x-b)=0 \Rightarrow x=a$，$b$

例 $x^2-2x-15=0 \rightarrow (x-5)(x+3)=0$，$x=5$，$-3$

③ 解の公式 … $ax^2+bx+c=0 \Rightarrow x=\dfrac{-b\pm\sqrt{b^2-4ac}}{2a}$

例題 次の方程式を解け。
$x^2-2x-5=0$

ココがカギ 因数分解できないので，解の公式を使う。

解き方 $a=1$，$b=-2$，$c=-5$ より，

$$x=\frac{-(-2)\pm\sqrt{(-2)^2-4\times1\times(-5)}}{2\times1}=\frac{2\pm\sqrt{4+20}}{2}=\frac{2\pm2\sqrt{6}}{2}=1\pm\sqrt{6}$$ ← 約分する。

答 $x=1\pm\sqrt{6}$

2 いろいろな 2 次方程式

入試POINT 例 $(x-1)(x-5)=2x-7 \rightarrow x^2-6x+5=2x-7$ ← 左辺を展開する。

$x^2-8x+12=0$ ← 右辺を移項する。

$(x-2)(x-6)=0$ ← 左辺を因数分解する。

$x=2$，6　答 $x=2$，6

3 2 次方程式の解と係数

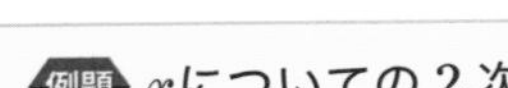
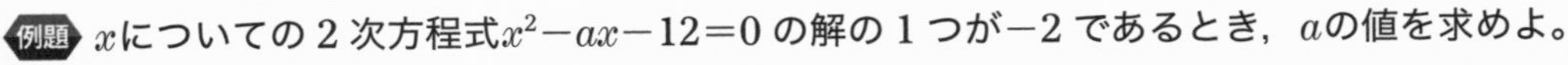

例題 xについての 2 次方程式$x^2-ax-12=0$ の解の 1 つが-2 であるとき，aの値を求めよ。

ココがカギ $x=-2$ を 2 次方程式に代入して，a を解く。

解き方 $x^2-ax-12=0$ に $x=-2$ を代入すると，

$(-2)^2-a\times(-2)-12=0$

$4+2a-12=0$

$2a=8$，$a=4$　答 $a=4$

入試問題で実力チェック！

よくでる **1** 次の方程式を解け。

➡ P.24 1 2次方程式の解法

正答率 53.0% (1) $(x-3)^2=9$ 〈岐阜県〉

正答率 54.8% (2) $(x+8)^2=2$ 〈東京都〉

(3) $(x+3)^2=12$ 〈高知県〉

(4) $(x-1)^2=15$ 〈神奈川県〉

(5) $(x-2)^2-5=0$ 〈長崎県〉

(6) $(x+1)^2-16=0$ 〈徳島県〉

よくでる **2** 次の方程式を解け。

➡ P.24 1 2次方程式の解法

(1) $x^2-7x-18=0$ 〈富山県〉

(2) $x^2+5x-14=0$ 〈和歌山県〉

(3) $x^2+2x-35=0$ 〈愛媛県〉

正答率 78.7% (4) $x^2-7x+12=0$ 〈滋賀県〉

(5) $x^2-4x=0$ 〈栃木県〉

(6) $x^2+2x-24=0$ 〈福島県〉

(7) $x^2-12x-28=0$ 〈富山県〉

(8) $x^2-6x+9=0$ 〈岩手県〉

(9) $x^2-11x+28=0$ 〈富山県〉

(10) $x^2-x-42=0$ 〈大阪府〉

(11) $x^2+4x-12=0$ 〈徳島県〉

(12) $x^2+3x-4=0$ 〈長崎県〉

(13) $x^2-2x-24=0$ 〈富山県〉

正答率 92.6% (14) $x^2-12x+35=0$ 〈東京都〉

3 次の方程式を解け。

P.24 1 2次方程式の解法

(1) $x^2-3x-2=0$ 〈大分県〉

(2) $2x^2-5x+1=0$ 〈埼玉県〉

(3) $x^2+5x+3=0$ 〈和歌山県〉

正答率 75.5% (4) $x^2-3x-1=0$ 〈鳥取県〉

(5) $x^2+3x-5=0$ 〈大分県〉

(6) $x^2+3x+1=0$ 〈岩手県〉

正答率 78.0% (7) $x^2-x-1=0$ 〈鳥取県〉

(8) $3x^2-5x+1=0$ 〈埼玉県〉

正答率 71.7% (9) $3x^2-x-1=0$ 〈宮崎県〉

(10) $5x^2+4x-1=0$ 〈愛媛県〉

(11) $x^2-7x+11=0$ 〈岩手県〉

正答率 76.0% (12) $2x^2-5x+1=0$ 〈鳥取県〉

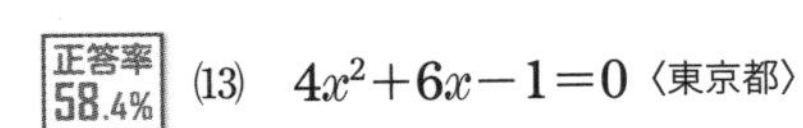

正答率 58.4% (13) $4x^2+6x-1=0$ 〈東京都〉

(14) $2x^2-3x-3=0$ 〈埼玉県〉

4 次の方程式を解け。

P.24 2 いろいろな2次方程式

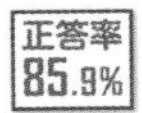

正答率 85.9% (1) $x^2-10x=-21$ 〈宮崎県〉

正答率 75.0% (2) $x^2-5x=6$ 〈宮崎県〉

正答率 87.6% (3) $(x-2)(x-3)=38-x$ 〈静岡県〉

(4) $2x(x-1)-3=x^2$ 〈長崎県〉

(5) $5(2-x)=(x-4)(x+2)$ 〈愛知県〉

(6) $2x^2+5x+3=x^2+6x+6$ 〈愛知県〉

5 2 次方程式 $x^2-ax-27=0$ の解の 1 つが -3 であるとき，a の値を求めよ。

〈愛媛県〉

➡ P.24 3 2次方程式の解と係数

6 2 次方程式 $x^2+ax-8=0$ の 1 つの解が $x=1$ であるとき，a の値を求めよ。また，他の解を求めよ。

〈岐阜県〉

➡ P.24 3 2次方程式の解と係数

7 x についての 2 次方程式 $x^2-8x+2a+1=0$ の解の 1 つが $x=3$ であるとき，a の値を求めよ。また，もう 1 つの解を求めよ。

〈栃木県〉

➡ P.24 3 2次方程式の解と係数

8 次の［　　］にあてはまる数を求めよ。

〈山口県〉

➡ P.24 3 2次方程式の解と係数

2 次方程式 $x^2-2x+a=0$ の解の 1 つが $1+\sqrt{5}$ であるとき，$a=$［　　］である。

方程式編

でる順 2 位

1次方程式・連立方程式の利用

出題率 55.6%

1 1次方程式の利用

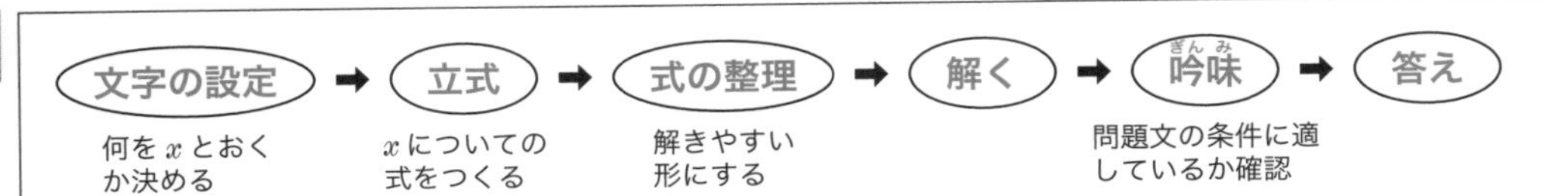

例題 クラスで調理実習のために材料費を集めることになった。1人300円ずつ集めると材料費が2600円不足し，1人400円ずつ集めると1200円余る。このクラスの人数は何人か求めよ。

（愛知県）

ココがカギ クラスの人数を x 人とすると，$(300x+2600)$ 円と $(400x-1200)$ 円がともに必要な材料費を表す。

解き方 クラスの人数を x 人とすると，

$300x+2600=400x-1200$，これを解いて，$x=38$

これは問題の条件に適する。　答 38人

2 連立方程式の利用

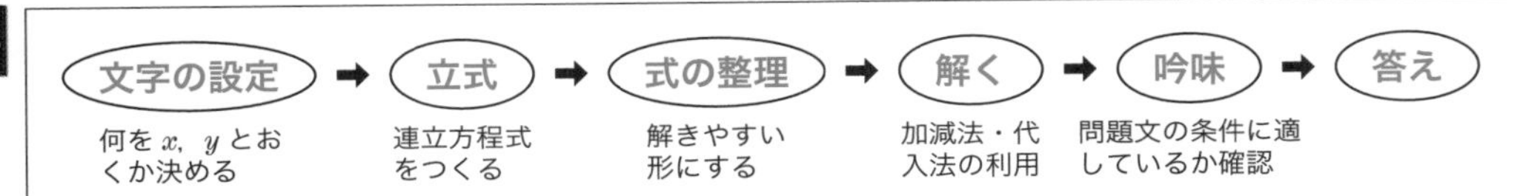

例題 Aさんは，午後1時ちょうどに家を出発して1500m離れた公園に向かった。はじめは毎分50mの速さで歩いていたが，途中から毎分90mの速さで走ったところ，午後1時24分ちょうどに公園に着いた。このとき，Aさんが走り始めた時刻を求めよ。

（埼玉県）

ココがカギ （速さ）×（時間）＝（道のり）を用いて，時間と道のりに注目して方程式をつくる。

解き方 Aさんが歩いた時間を x 分，走った時間を y 分とすると，

$$\begin{cases} x+y=24 & \cdots① \\ 50x+90y=1500 & \cdots② \end{cases}$$

①×90−②より，$40x=660$，$x=16.5$，$y=7.5$

16.5分＝16分30秒

これは問題の条件に適する。　答 午後1時16分30秒

入試問題で実力チェック！

1 毎分 10L の割合で水を入れると，30 分で満水になる空(から)の水そうがある。この水そうに毎分 15L の割合で水を入れると，水そうが満水になるのは水を入れ始めてから何分後か。〈栃木県〉

➡ P.28 1 1次方程式の利用

2 あるクラスの生徒数は男女合わせて 36 人である。そのうち，男子の 60％と女子の 75％は自転車通学で，その合計人数は 24 人である。このクラスの男子生徒と女子生徒はそれぞれ何人か求めよ。

〈愛知県〉

➡ P.28 2 連立方程式の利用

3 ある観光地で，大人 2 人と子ども 5 人がロープウェイに乗車したところ，運賃の合計は 3800 円であった。また，大人 5 人と子ども 10 人が同じロープウェイに乗車したところ，全員分の運賃が 2 割引きとなる団体割引が適用され，運賃の合計は 6800 円であった。
このとき，大人 1 人の割引前の運賃を x 円，子ども 1 人の割引前の運賃を y 円として連立方程式をつくり，大人 1 人と子ども 1 人の割引前の運賃をそれぞれ求めよ。ただし，途中の計算も書くこと。

〈栃木県〉

➡ P.28 2 連立方程式の利用

4 2 種類の体験学習 A，B があり，生徒は必ず A，B のいずれか一方に参加する。A，B それぞれを希望する生徒の人数の比は 1：2 であった。その後，14 人の生徒が B から A へ希望を変更したため，A，B それぞれを希望する生徒の人数の比は 5：7 となった。体験学習に参加する生徒の人数は何人か，求めよ。

〈愛知県〉

➡ P.28 1 1次方程式の利用

正答率 30.8%

5 そうたさんとゆうなさんが，次の＜ルール＞にしたがい，1枚の重さ5gのメダルA，1枚の重さ4gのメダルBをもらえるじゃんけんゲームを行った。

> ＜ルール＞
> ① じゃんけんの回数
> 　○ 30回とする。
> 　○ あいこになった場合は，勝ち負けを決めず，1回と数える。
> ② 1回のじゃんけんでもらえるメダルの枚数
> 　○ 勝った場合は，メダルAを2枚，負けた場合は，メダルBを1枚もらえる。
> 　○ あいこになった場合は，2人ともメダルAを1枚，メダルBを1枚もらえる。

ゲームの結果，あいこになった回数は8回であった。
また，そうたさんが，自分のもらったすべてのメダルの重さをはかったところ，232gであった。
このとき，そうたさんとゆうなさんがじゃんけんで勝った回数をそれぞれ求めよ。求める過程も書くこと。
〈福島県〉

➡ P.28 1 1次方程式の利用

6 次の図は，ある中学校における生徒会新聞の記事の一部である。3年生全員に，地域清掃活動に参加したことが「ある」か「ない」かの質問に回答してもらい，その結果をもとに円グラフと帯グラフを作成した。このとき，あとの問いに答えよ。
〈宮崎県〉

➡ P.28 2 連立方程式の利用

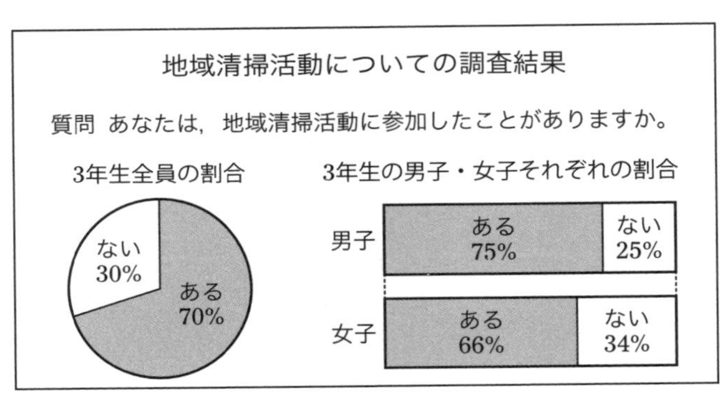

(1) 3年生の男子の人数をx人，女子の人数をy人とする。帯グラフから読みとれることをもとに，地域清掃活動に参加したことが「ある」と回答した生徒の人数をx，yを用いて表せ。

(2) 地域清掃活動に参加したことが「ある」と回答した人数は，女子の人数の方が男子の人数より3人多かった。このとき，3年生全員の人数を方程式を使って求めよ。ただし，3年生の男子の人数をx人，女子の人数をy人とし，答えを求める過程がわかるように，式と計算も書くこと。

7 ある中学校で，球技大会の日程を考えている。次の各問いに答えよ。ただし，時間の単位は分とする。
〈鳥取県〉

➡ P.28 2 連立方程式の利用

正答率 29.4%
(1) 次の図のように，試合時間を a 分，チームの入れかわり時間を b 分，昼休憩を 40 分とる。10 試合を行うとき，最初の試合開始から最後の試合が終了するまでにかかる時間(分)を表す式を，a と b を用いて表せ。

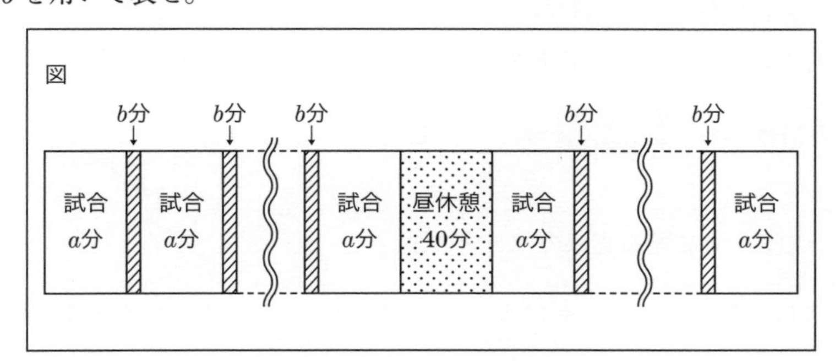

正答率 26.6%
(2) (1)のとき，最初の試合を午前 9 時に開始して午後 3 時に最後の試合が終了するよう計画した。$b=5$ のとき，試合時間(分)を求めよ。

(3) 球技大会の種目をサッカーとソフトボールの 2 種目に決定し，次のように大会の計画をたてた。あとの問いに答えよ。

<大会の計画>
- サッカーの試合が，すべて終わった後に昼休憩を 40 分とり，その後ソフトボールの試合を行う。
- 試合は午前 9 時に最初の試合を開始して，午後 2 時 20 分に最後の試合を終了する。
- サッカーは，4 チームの総当たり戦で 6 試合行う。サッカー 1 試合の時間は，すべて同じ時間とする。
- ソフトボールは，5 チームのトーナメント戦で 4 試合行う。ソフトボール 1 試合の時間は，すべて同じ時間とする。
- サッカーもソフトボールも 1 試合ずつ行い，試合と試合のあいだのチームの入れかわり時間は，4 分とする。
- ソフトボール 1 試合の試合時間は，サッカー 1 試合の試合時間の 1.6 倍とする。

正答率 21.5%
(i) この大会の計画にしたがって，サッカーとソフトボールの 1 試合の時間を決めることとした。サッカー 1 試合の時間を x 分，ソフトボール 1 試合の時間を y 分として連立方程式をつくれ。ただし，この問いの答えは，必ずしもつくった方程式を整理する必要はない。

正答率 18.1%
(ii) サッカー 1 試合の時間(分)を求めよ。

1 次関数

出題率 68.6%

1 1 次関数とグラフ

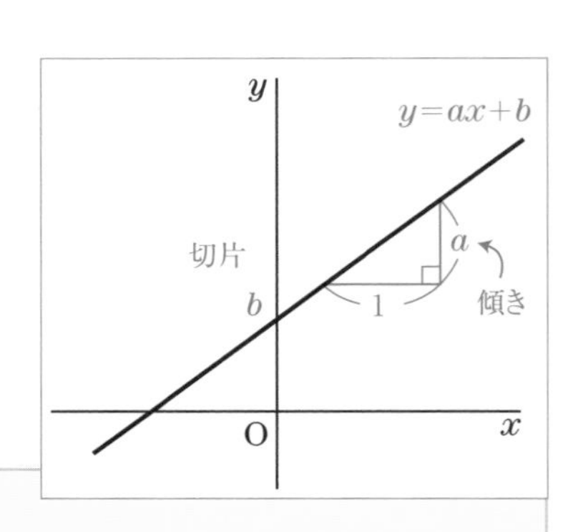

① $y=ax+b$〔a…傾き，b…切片〕

※ $b=0$ のときは，$y=ax$ より，比例のグラフとなる。

② $(変化の割合)=\dfrac{(y\ の増加量)}{(x\ の増加量)}=a$　（一定）

例題 傾きが 3 で点(3，5)を通る直線の式を求めよ。

傾き（または切片）がわかっているときは，点の座標を代入して切片（または傾き）を求めれば式は決まる。

解き方 直線の式を $y=ax+b$ とおくと，a(傾き)が 3 なので $y=3x+b$

この式に $x=3$，$y=5$ を代入して解くと $b=-4$

よって，直線の式は $y=3x-4$　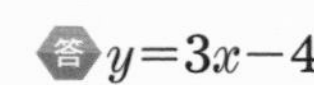 答 $y=3x-4$

例題 A$(-3,\ 1)$，B$(1,\ 9)$を通る直線の式を求めよ。

2 点がわかるときは，傾きを求めるか，2 点の座標を直線の式に代入すれば式は決まる。

解き方 ① 直線 AB の傾きは $\dfrac{(y\ の増加量)}{(x\ の増加量)}=\dfrac{9-1}{1-(-3)}=\dfrac{8}{4}=2$

直線の式を $y=2x+b$ とおくと，A$(-3,\ 1)$を通ることから

$1=2\times(-3)+b$ より $b=7$　　よって，直線の式は $y=2x+7$　答 $y=2x+7$

解き方 ② 直線の式を $y=ax+b$ とおく。A$(-3,\ 1)$を通ることから，$1=-3a+b$，

B$(1,\ 9)$を通ることから，$9=a+b$，

この連立方程式を解いて，$a=2$，$b=7$

よって，直線の式は $y=2x+7$　答 $y=2x+7$

2 直線の平行・交点

入試POINT

① 2 直線が平行 ↔ 傾きが同じ

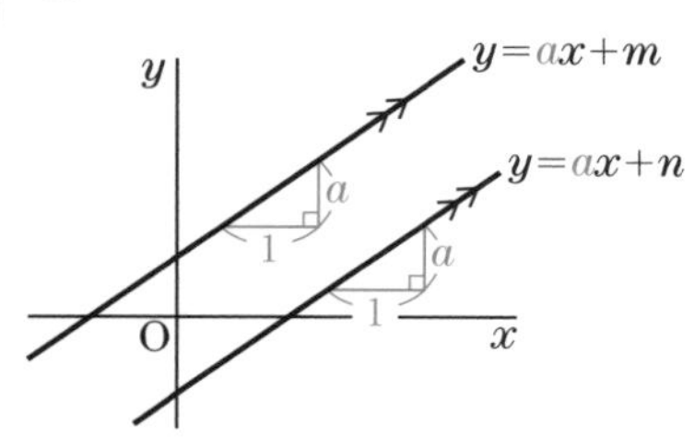

② 直線の交点 ↔ 連立方程式の解

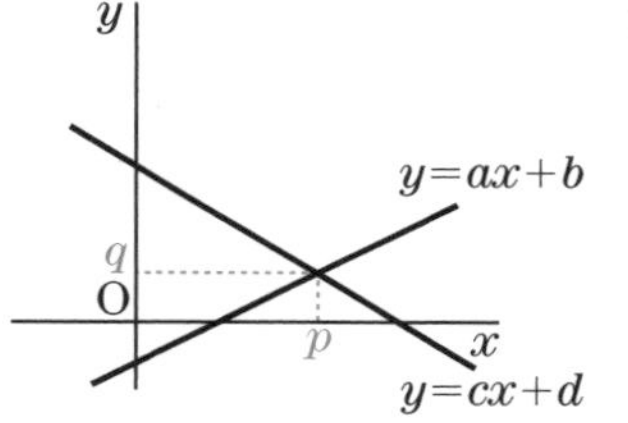

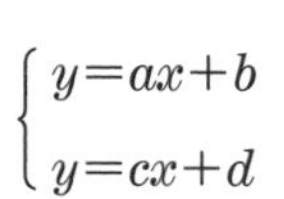

連立方程式

$$\begin{cases} y=ax+b \\ y=cx+d \end{cases}$$

の解が $x=p$，$y=q$

入試問題で実力チェック！

正答率 62.9%

1 1次関数 $y=-3x+5$ について述べた文として正しいものを，次の**ア**～**エ**から1つ選び，記号で答えよ。

〈鳥取県〉

➡ P.32 1 1次関数とグラフ

ア グラフは点$(-3,\ 5)$を通る直線である。

イ xの値が2倍になるとき，yの値も2倍になる。

ウ xの変域が $1 \leqq x \leqq 2$ のとき，yの変域は $-1 \leqq y \leqq 2$ である。

エ xの値が1から3まで変わるとき，yの増加量は-3である。

正答率 86.5%

2 下の図の**ア**～**エ**のグラフは，1次関数 $y=2x-3$，$y=2x+3$，$y=-2x-3$，$y=-2x+3$ のいずれかである。1次関数 $y=2x-3$ のグラフを**ア**～**エ**の中から1つ選び，記号で答えよ。

〈福島県〉

➡ P.32 1 1次関数とグラフ

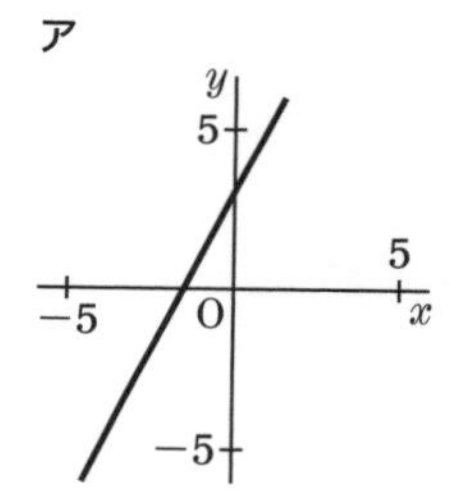

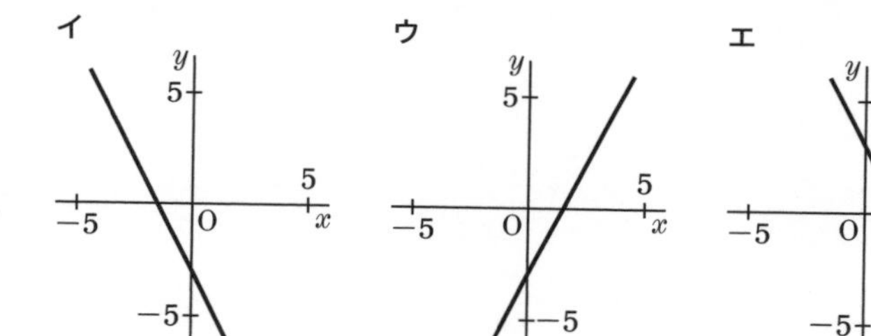

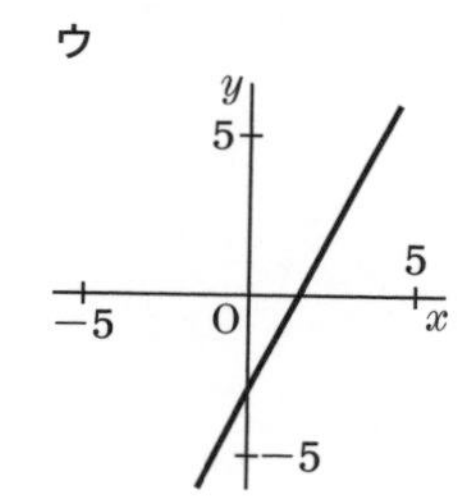

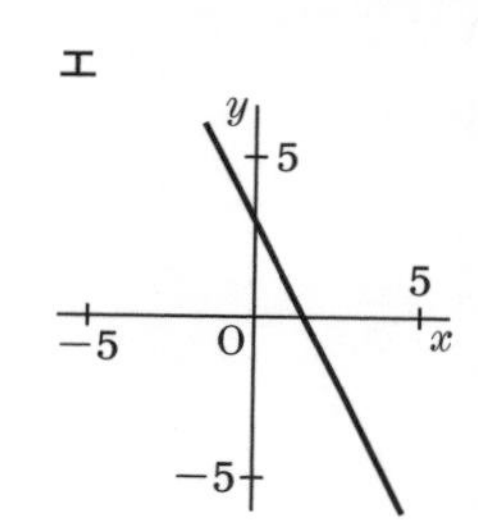

3 点$(a,\ 2)$が，1次関数 $y=\frac{1}{5}x+3$ のグラフ上にあるとき，aの値を求めよ。 〈福島県〉

➡ P.32 1 1次関数とグラフ

よくでる

4 yはxの1次関数であり，変化の割合が4で，そのグラフが点$(5,\ 13)$を通るとき，yをxの式で表せ。

〈高知県〉

➡ P.32 1 1次関数とグラフ

5 右の図のように，関数 $y=\frac{a}{x}$，関数 $y=x+5$，関数 $y=-\frac{1}{3}x+b$ のグラフがある。関数 $y=\frac{a}{x}$ と関数 $y=x+5$ のグラフは2点A，Bで交わり，x 座標の大きい方の点をA，小さい方の点をBとする。点Aの x 座標は1である。また，関数 $y=x+5$ のグラフと x 軸との交点をCとし，関数 $y=-\frac{1}{3}x+b$ のグラフは点Cを通る。次の問いに答えよ。

〈大分県・一部抜粋〉

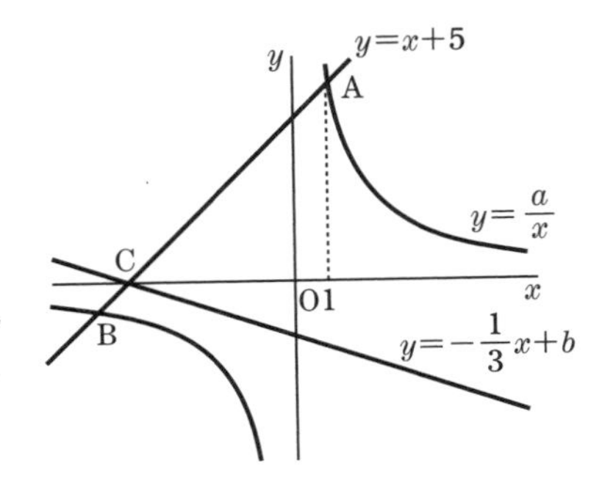

➡ P.32 2 2直線の平行・交点

正答率 73.8%

(1) a の値を求めよ。

正答率 44.7%

(2) b の値を求めよ。

よくでる

6 Aは2点$(-3,\ -8)$，$(1,\ 4)$を通る直線上の点で，x 座標が3である。このとき，点Aの y 座標を求めよ。

〈愛知県〉

➡ P.32 1 1次関数とグラフ

7 右の図のように，2つの1次関数 $y=-x+a$，$y=2x+b$ のグラフがあり，x 軸との交点をそれぞれP，Qとし，y 軸との交点をそれぞれR，Sとする。

次の**説明**は，PQ=12，RS=9のときの，a と b の値を求める方法の1つを示したものである。

説明中の［　　］にあてはまる，a と b の関係を表す等式を求めよ。

また，a，b の値をそれぞれ求めよ。

〈山口県〉

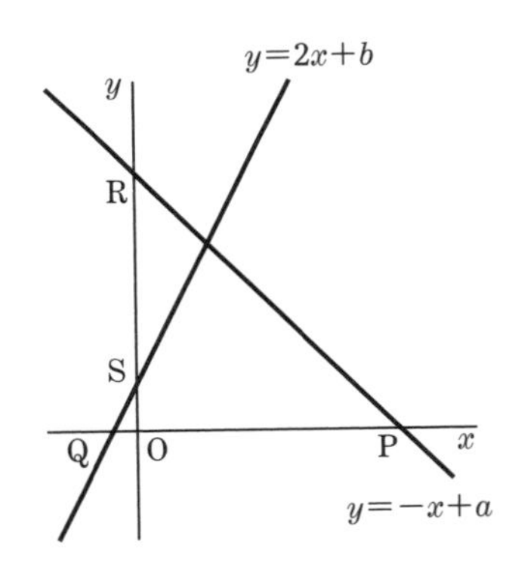

➡ P.32 2 2直線の平行・交点

説明

PQ=12 より， ［　　　　　］…① RS=9 より， $a-b=9$…② ①，②を連立方程式として解くと，a，b の値を求めることができる。

8 右の図のように，関数 $y=x-6$…①のグラフがある。点Oは原点とする。この図に，関数 $y=-2x+3$…②のグラフをかき入れ，さらに，関数 $y=ax+8$…③のグラフをかき入れるとき，a の値によっては，①，②，③のグラフによって囲まれる三角形ができるときと，できないときがある。①，②，③のグラフによって囲まれる三角形ができないときの a の値をすべて求めよ。 〈北海道〉

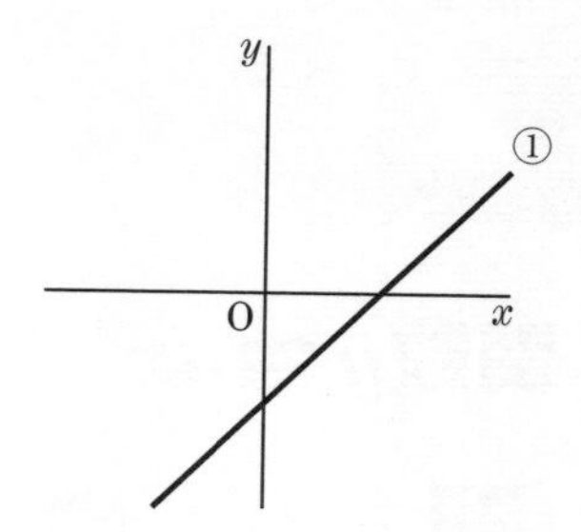

➡ P.32 2 2直線の平行・交点

9 P地点とQ地点があり，この2地点は980m離れている。Aさんは9時ちょうどにP地点を出発してQ地点まで，Bさんは9時6分にQ地点を出発してP地点まで，同じ道を歩いて移動した。図は，AさんとBさんのそれぞれについて，9時 x 分におけるP地点からの距離を y mとして，x と y の関係を表したグラフである。次の問いに答えよ。〈兵庫県〉

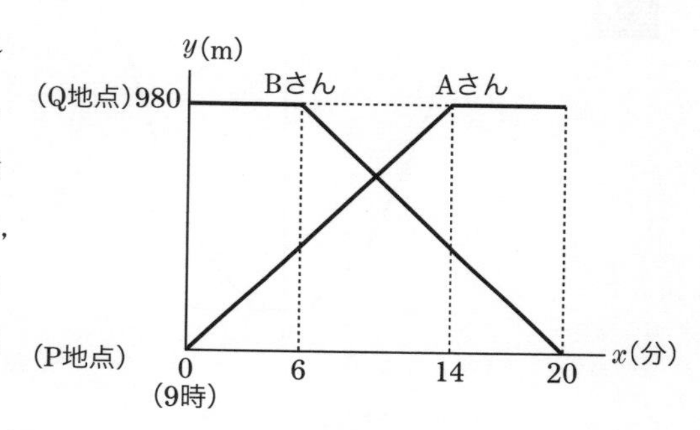

➡ P.32 1 1次関数とグラフ，2 2直線の平行・交点

(1) 9時ちょうどから9時14分まで，Aさんは分速何mで歩いたか，求めよ。

(2) 9時6分から9時20分までのBさんについて，y を x の式で表せ。ただし，x の変域は求めなくてよい。

(3) AさんとBさんがすれちがったのは，P地点から何mの地点か，求めよ。

(4) Cさんは9時ちょうどにP地点を出発して，2人と同じ道を自転車に乗って分速300mでQ地点まで移動した。Cさんが出発してから2分後の地点に図書館があり，Cさんがその図書館に立ち寄ったので，9時12分にAさんからCさんまでの距離と，CさんからBさんまでの距離が等しくなった。Cさんが図書館にいた時間は何分何秒か，求めよ。

関数編
でる順 2 位

関数 $y=ax^2$

出題率 66.0%

1 関数 $y=ax^2$

入試POINT ① y が x の関数で $y=ax^2$ と表されるとき，y は x の 2 乗に比例するという。

2 $y=ax^2$ のグラフ

入試POINT ① $a>0$ のとき，上に開いている。　　$a<0$ のとき，下に開いている。

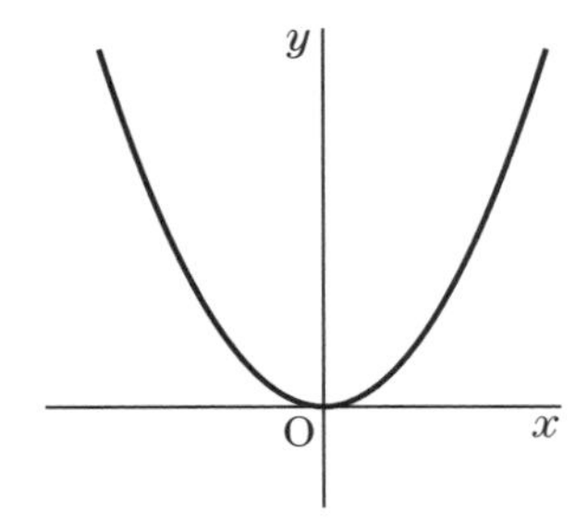

$x=0$ で最小値 $y=0$

y
O
x

$x=0$ で最大値 $y=0$

② 原点を通る曲線である。

③ y 軸に関して線対称である。

④ $y=ax^2$ のようなグラフを放物線という。

⑤ a の絶対値が大きくなると，開き方は小さくなり，絶対値が小さくなると，開き方は大きくなる。

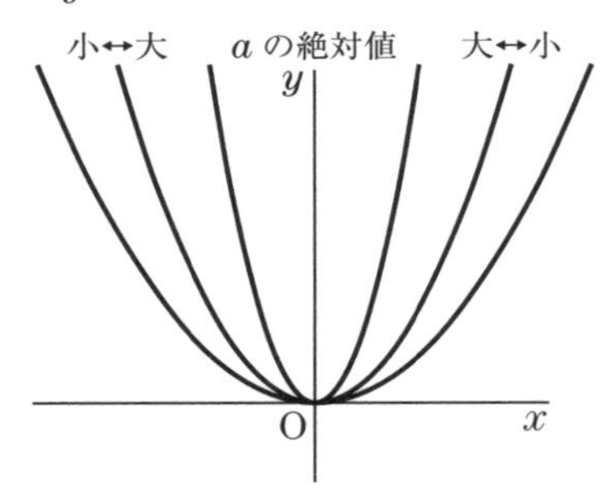

3 $y=ax^2$ と直線

入試POINT ① $y=ax^2$ のグラフの式から直線との交点の座標を求める。2 つの交点の座標から直線の式を求める。

② $y=ax^2$ のグラフと $y=mx+n$ のグラフの交点の x 座標は，2 つの式から y を消去した 2 次方程式 $ax^2=mx+n$ を解くことで求めることができる。

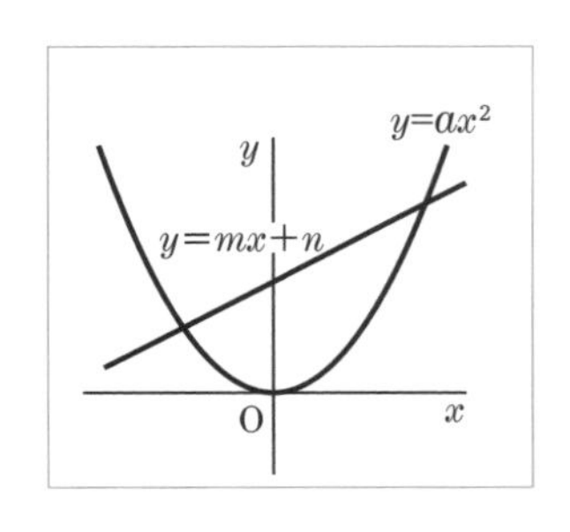

入試問題で実力チェック！

1 次の問いに答えよ。

➡ P.36 1 関数$y=ax^2$

正答率 82.0%　(1)　y は x の 2 乗に比例し，$x=2$ のとき $y=12$ である。y を x の式で表せ。　〈福島県〉

正答率 71.4%　(2)　y は x の 2 乗に比例し，$x=2$ のとき $y=1$ である。y を x の式で表せ。　〈千葉県〉

2 右の図の曲線は，$y=ax^2$ のグラフである。グラフから，a の値を求めよ。　〈埼玉県〉

➡ P.36 1 関数$y=ax^2$

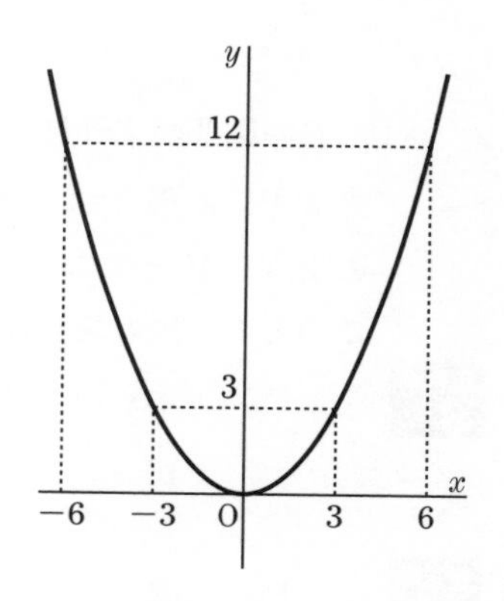

3 右の図において，m は $y=ax^2$（a は定数）のグラフを表す。A，B は m 上の点であって，A の座標は$(-3,\ 4)$であり，B の x 座標は 2 である。ℓ は 2 点 A，B を通る直線である。　〈大阪府〉

➡ P.36 3 $y=ax^2$と直線

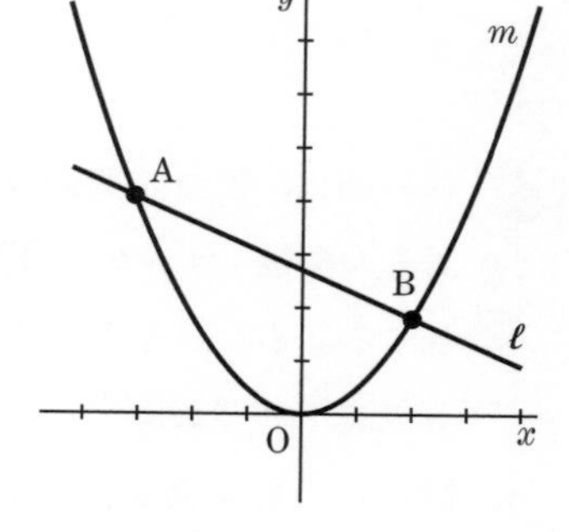

(1)　a の値を求めよ。

(2)　直線 ℓ の式を求めよ。求め方も書くこと。

4 A，B は関数 $y=x^2$ のグラフ上の点で，x 座標がそれぞれ-3，6 のとき，直線 AB に平行で原点を通る直線の式を求めよ。　〈愛知県〉

➡ P.36 1 関数$y=ax^2$，3 $y=ax^2$と直線

5 右の図Ⅰのように，関数 $y=\frac{1}{2}x^2$ のグラフ上に2点A，Bがある。点A，Bの x 座標は，それぞれ-2，4である。このとき，次の問いに答えよ。 〈鳥取県〉

➡ P.36 3 $y=ax^2$と直線

図Ⅰ

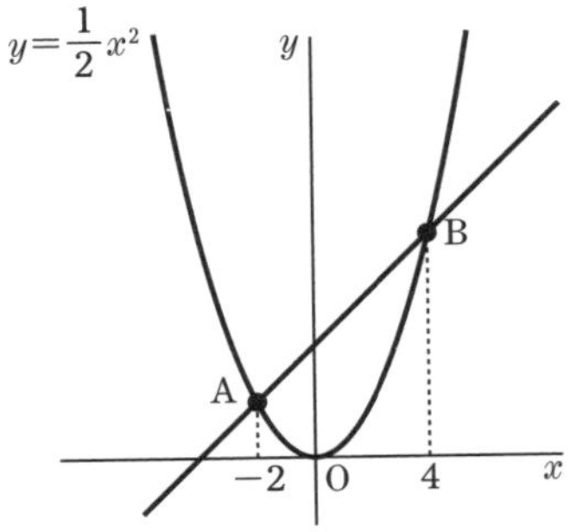

$y=\frac{1}{2}x^2$ y B A -2 O 4 x

正答率 83.4%
(1) 点Aの y 座標を求めよ。

正答率 65.7%
(2) 2点A，Bを通る直線の式を求めよ。

正答率 51.7%
(3) △OABの面積を求めよ。

(4) 右の図Ⅱのように，直線 $x=t$ と関数 $y=\frac{1}{2}x^2$ のグラフの交点をP，直線 $x=t$ と直線ABの交点をQ，直線 $x=t$ と x 軸の交点をRとする。
このとき，次の問いに答えよ。ただし，$t>4$ とする。

図Ⅱ

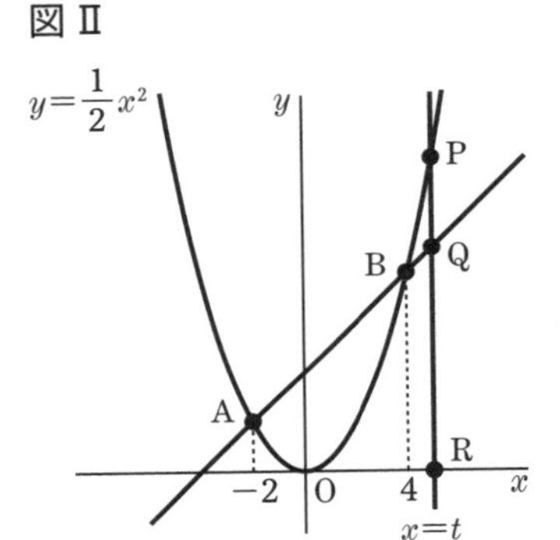

正答率 34.3%
① PQの長さを t を用いて表せ。

正答率 15.4%
② PQ：QR＝7：2となるとき，t の値を求めよ。

6 右の図は，2つの関数 $y=x^2$，$y=ax^2\ (a>0)$ のグラフである。関数 $y=x^2$ のグラフ上で，x 座標が3である点をAとする。また，Aを通り x 軸に平行な直線が，y 軸と交わる点をP，関数 $y=ax^2$ のグラフと交わる点のうち，x 座標が正の数である点をQとする。このとき，OP＝PQとなるような a の値を求めよ。 〈栃木県〉

➡ P.36 3 $y=ax^2$と直線

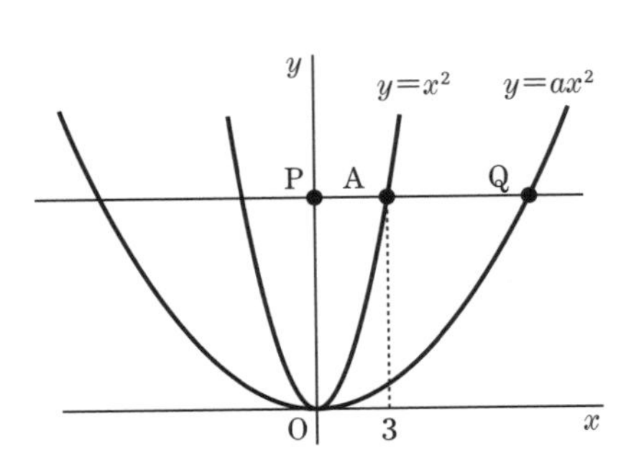

7 関数 $y=ax^2$ について，次の問いに答えよ。

〈山口県〉

➡ P.36 1 関数$y=ax^2$，2 $y=ax^2$のグラフ，3 $y=ax^2$と直線

(1) 次の［　　］にあてはまる数を答えよ。

> 関数 $y=5x^2$ のグラフと，x 軸について対称なグラフとなる関数は $y=$［　　］x^2 である。

(2) 関数 $y=-\dfrac{3}{4}x^2$ について，次の**ア**～**エ**の説明のうち，正しいものを2つ選び，記号で答えよ。

ア 変化の割合は一定ではない。

イ x の値がどのように変化しても，y の値が増加することはない。

ウ x がどのような値でも，y の値は負の数である。

エ グラフの開き方は，関数 $y=-x^2$ のグラフより大きい。

(3) 右の図のように，2つの放物線①，②があり，放物線①は関数 $y=-\dfrac{1}{2}x^2$ のグラフである。また，放物線①上にある点Aの x 座標は4であり，直線AOと放物線②の交点Bの x 座標は -3 である。このとき，放物線②をグラフとする関数の式を求めよ。

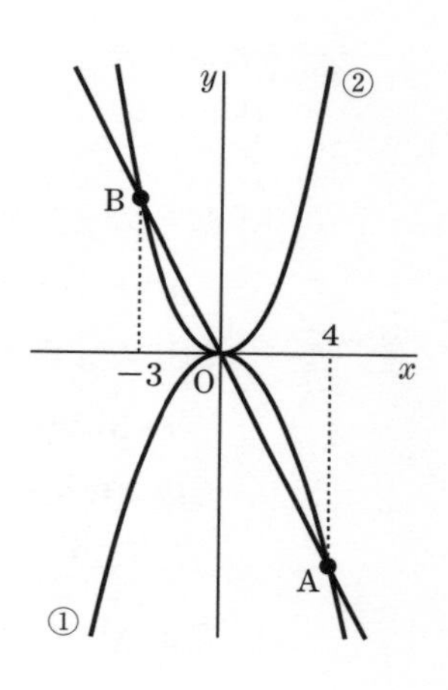

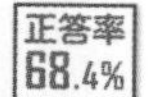

8 右の図のように，関数 $y=ax^2$ のグラフと直線 ℓ があり，2点A，Bで交わっている。ℓ の式は $y=2x+3$ であり，A，Bの x 座標はそれぞれ，-1，3である。

〈福島県〉

➡ P.36 3 $y=ax^2$と直線

正答率 68.4%

(1) a の値を求めよ。

(2) 直線 ℓ 上に点Pをとり，Pの x 座標を t とする。
ただし，$0<t<3$ とする。
また，Pを通り y 軸に平行な直線を m とし，m と関数 $y=ax^2$ のグラフ，x 軸との交点をそれぞれQ，Rとする。さらに，Pを通り x 軸に平行な直線と y 軸との交点をS，Qを通り x 軸に平行な直線と y 軸との交点をTとする。

① $t=1$ のとき，長方形STQPの周の長さを求めよ。

② 長方形STQPの周の長さが，線分QRを1辺とする正方形の周の長さと等しいとき，t の値を求めよ。

関数のグラフと図形の融合問題

1 面積との融合

入試POINT ① グラフ上の点を結んでできる図形の面積に関する融合問題では，求めやすい図形に分割したり，補助線をひいて考えたりすることが多い。

例題 $y=x^2$ のグラフ上に 2 点A，Bがあり，点A，Bのx座標はそれぞれ-2，3 である。原点をOとするとき，△OABの面積を求めよ。

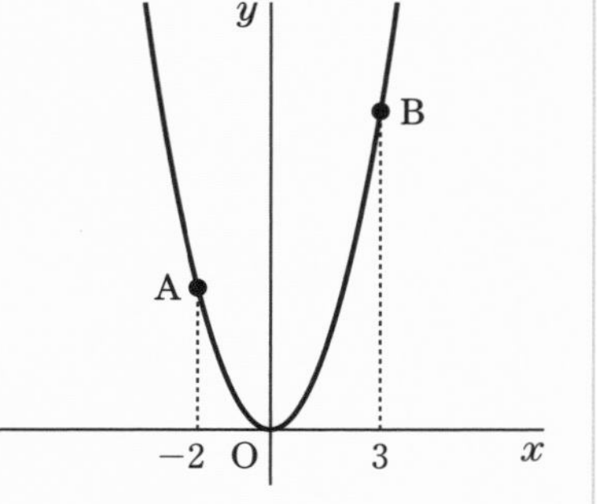

直線 AB と y 軸の交点を C として，△OAB を△OAC と△OBC に分ける。

解き方 点 A の y 座標は，

$y=(-2)^2=4$ より，A$(-2,\ 4)$

点 B の y 座標は，

$y=3^2=9$ より，B$(3,\ 9)$

直線 AB の傾きは，A$(-2,\ 4)$，B$(3,\ 9)$より，

$\dfrac{9-4}{3-(-2)}=\dfrac{5}{5}=1$

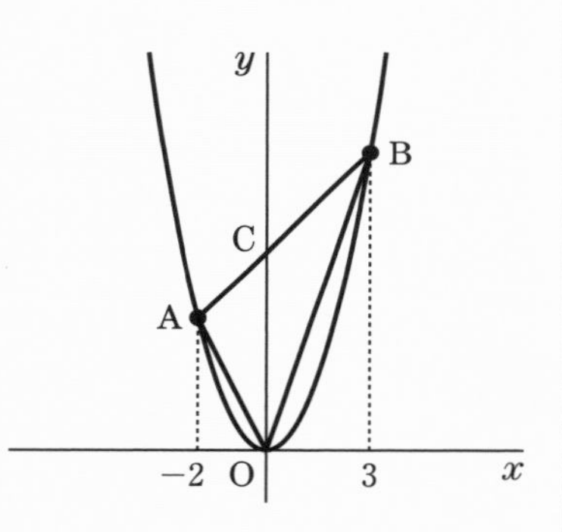

直線 AB の式を $y=x+b$ とすると，B$(3,\ 9)$を通るので，$9=3+b$，$b=6$

よって，直線 AB の式は，$y=x+6$

直線 AB と y 軸との交点を C とすると，C$(0,\ 6)$

△OAB＝△OAC＋△OBC となるので，

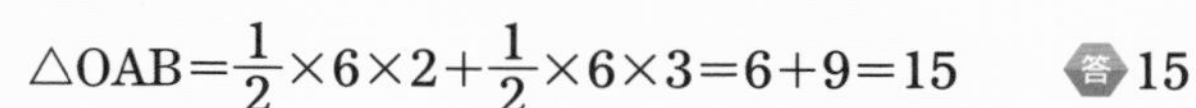
△OAB$=\dfrac{1}{2}\times6\times2+\dfrac{1}{2}\times6\times3=6+9=15$

答 15

2 三平方の定理との融合

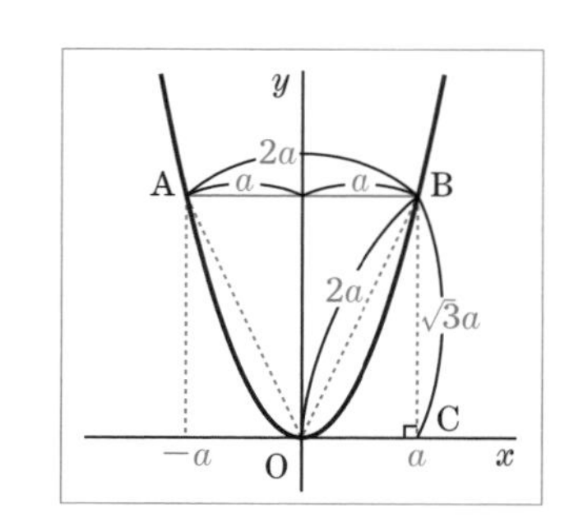

入試POINT ① 点の座標で，三平方の定理を用いることができる。

例　右の図で，△OAB が正三角形となるのは，

OC：OB：BC＝1：2：$\sqrt{3}$のとき

② 点と点の距離を三平方の定理を用いて求めることもできる。

$OB^2=OC^2+BC^2=a^2+(\sqrt{3}a)^2$

$=a^2+3a^2=4a^2$

OB＞0 より，OB＝$2a$

入試問題で実力チェック！

1 関数$y=x^2$のグラフ上に2点A，Bがあり，点Aのx座標は-1，点Bのx座標は3である。このとき，次の問いに答えよ。

〈沖縄県〉

➡ P.40 1 面積との融合

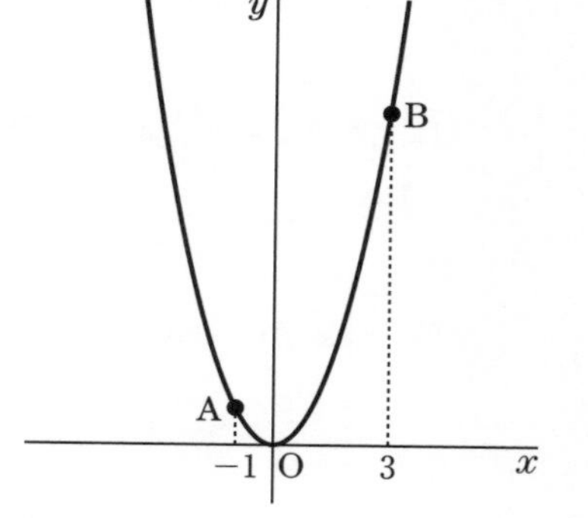

(1) 点Aのy座標を求めよ。

(2) この関数においてxの変域が$-1 \leqq x \leqq 3$のとき，yの変域を求めよ。

(3) 原点をOとするとき，△OABの面積を求めよ。

よくでる **2** 右の図のように，関数$y=\dfrac{a}{x}$…①のグラフ，関数$y=\dfrac{1}{4}x^2$…②のグラフ，3点A，B，Cがある。点Aの座標は(2，3)，点Bの座標は(6，1)，点Cのx座標は2であり，関数①のグラフは2点A，Bを，関数②のグラフは点Cを通る。このとき，次の問いに答えよ。

〈佐賀県〉

➡ P.40 1 面積との融合，2 三平方の定理との融合

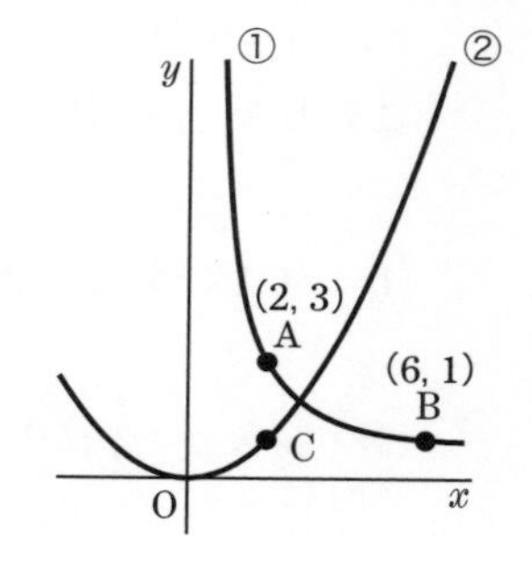

(1) aの値を求めよ。

(2) 点Cのy座標を求めよ。

(3) △ABCの面積を求めよ。

(4) 2点A，Bを通る直線の式を求めよ。

(5) 点Pが関数②のグラフ上を動くものとする。△ABCと△ACPの面積が等しくなるとき，点Pの座標を2つ求めよ。

(6) 点Qをx軸上にとり，△ABQが辺ABを底辺とする二等辺三角形になるとき，点Qの座標を求めよ。

3 右の図の**ア**～**エ**は4つの関数 $y=x^2$，$y=-x^2$，$y=-\frac{1}{2}x^2$，$y=-2x^2$ のいずれかのグラフを表したものである。**ア**のグラフ上に3点A，B，Cがあり，それぞれの x 座標は -1，2，3である。
このとき，次の問いに答えよ。

〈富山県〉

➡ P.40 1 面積との融合

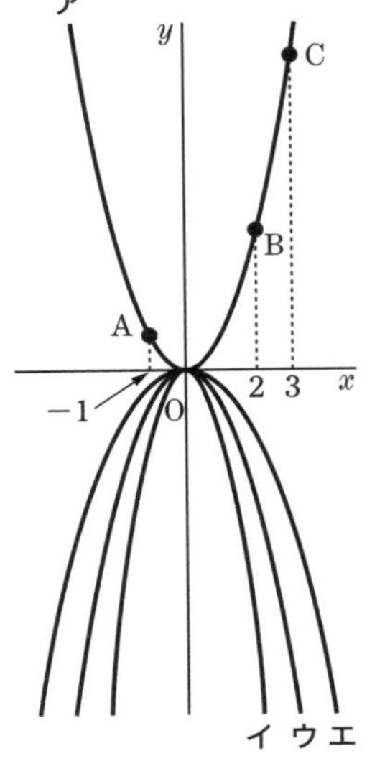

(1) 関数 $y=-\frac{1}{2}x^2$ のグラフを右の図の**ア**～**エ**から1つ選び，記号で答えよ。

(2) 直線ACの式を求めよ。

(3) △ABCの面積を求めよ。

よくでる

4 右の図のように，関数 $y=\frac{1}{2}x^2$ のグラフ上に y 座標が等しい2点A，Bがあり，Aの x 座標は負で，Bの x 座標は2である。
このとき，次の問いに答えよ。

〈岩手県〉

➡ P.40 1 面積との融合

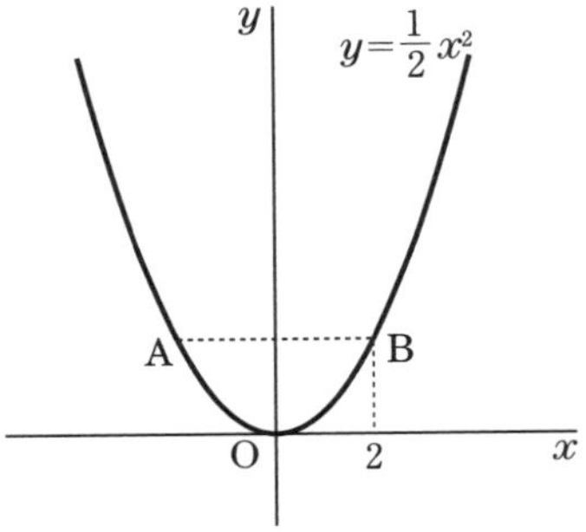

(1) 点Aの座標を求めよ。

(2) 関数 $y=\frac{1}{2}x^2$ のグラフ上に x 座標が正である点Cを，y 軸上に点Dを，四角形ABCDが平行四辺形になるようにとる。
原点Oを通る直線が，平行四辺形ABCDの面積を2等分するとき，その直線の式を求めよ。

5 右の図で，Oは原点，A，Bは関数 $y=\frac{5}{x}$ のグラフ上の点で，点A，Bの x 座標はそれぞれ1，3であり，C，Dは x 軸上の点で，直線AC，BDはいずれも y 軸と平行である。また，Eは線分ACとBOとの交点である。四角形ECDBの面積は△AOBの面積の何倍か，求めよ。

〈愛知県〉

➡ P.40 1 面積との融合

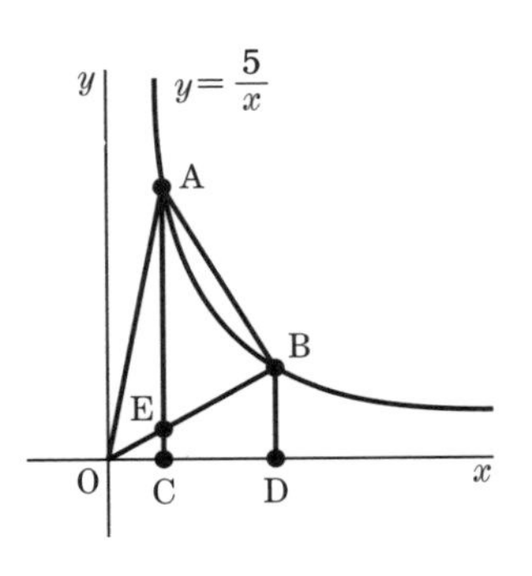

ハイレベル

6 右の図のように，関数 $y=ax^2$（a は定数）…㋐，反比例の関係 $y=\dfrac{b}{x}$（$x>0$，b は定数）…㋑のグラフがあり，㋐のグラフ上に 2 点 P(2，2)，Q(t，18) がある。ただし，$t<0$ とする。点 Q と原点を通る直線を ℓ，直線 ℓ と㋑のグラフの交点を R とするとき，P と R の x 座標は等しくなった。このとき，次の問いに答えよ。

〈福井県〉

➡ P.40 1 面積との融合，2 三平方の定理との融合

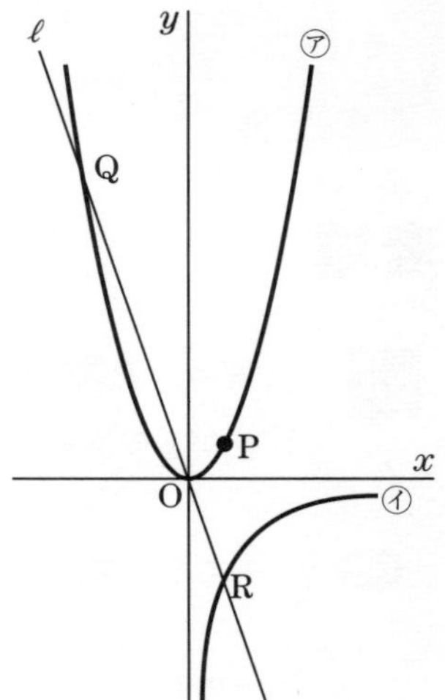

(1) a と t の値を求めよ。

(2) b の値を求めよ。

(3) ㋑のグラフ上に点 S をとり，△PRS の面積が△PQR の面積の $\dfrac{1}{2}$ 倍になるとき，

① S の座標を求めよ。

② RS の長さを求めよ。

③ PS⊥RS となることを言葉や数，式を使って説明せよ。

7 右の図のように，関数 $y=\dfrac{1}{4}x^2$…㋐のグラフ上に 2 点 A，B があり，点 A の x 座標が -2，点 B の x 座標が 4 である。3 点 O，A，B を結び△OAB をつくる。
このとき，次の問いに答えよ。ただし，原点を O とする。 〈三重県〉

➡ P.40 1 面積との融合，2 三平方の定理との融合

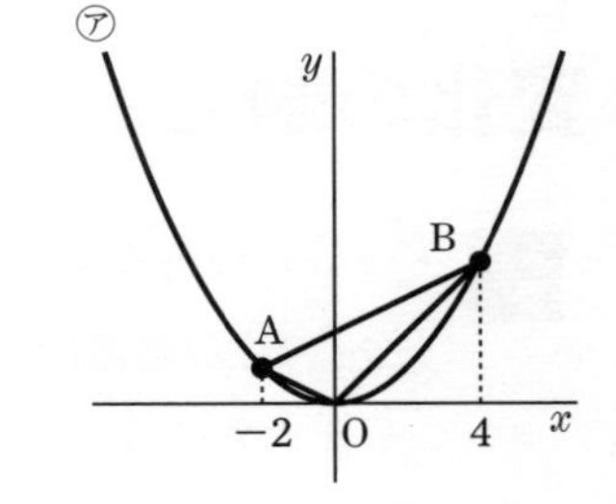

(1) 点 A の座標を求めよ。

(2) 2 点 A，B を通る直線の式を求めよ。

(3) x 軸上の $x>0$ の範囲に 2 点 C，D をとり，△ABC と△ABD をつくる。
このとき，次の問いに答えよ。
なお，各問いにおいて，答えに$\sqrt{\ }$が含まれるときは，$\sqrt{\ }$の中をできるだけ小さい自然数にすること。

① △OAB の面積と△ABC の面積の比が 1：3 となるとき，点 C の座標を求めよ。

② △ABD が∠ADB＝90° の直角三角形となるとき，点 D の座標を求めよ。

関数編

でる順 4 位

変域・変化の割合

出題率 48.4%

1 変域

入試POINT

① 変域：変数のとりうる値の範囲

② y が x の関数であるとき，x の変域に対して y のとりうる値の範囲を y の変域という。

例題 $y=\dfrac{2}{x}$について，xの変域が$-4 \leqq x \leqq -2$ であるとき，yの変域を求めよ。

ココがカギ x の値に対応する y の値を求めたあと，グラフを使って正しいか確かめる。

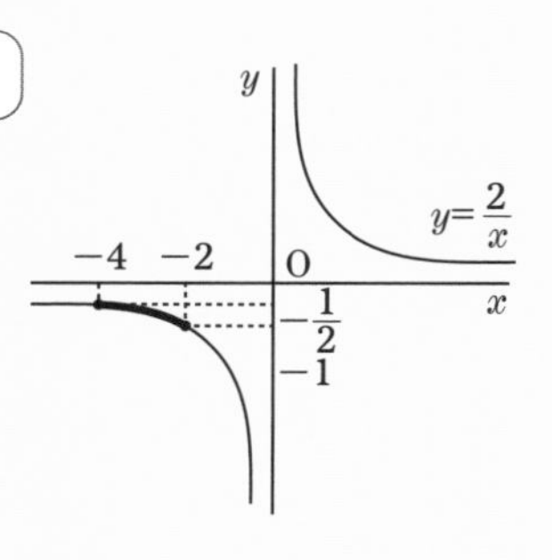

解き方 $x=-4$ のとき　$y=\dfrac{2}{(-4)}=-\dfrac{1}{2}$

$x=-2$ のとき　$y=\dfrac{2}{(-2)}=-1$

したがって，右の図の太線部分となるので，

y の変域は$-1 \leqq y \leqq -\dfrac{1}{2}$　　答 $-1 \leqq y \leqq -\dfrac{1}{2}$

ミス注意 y の変域を考える場合，$y=ax^2\,(a>0)$ のときは，x の変域に原点を含むと最小値が $y=0$ となることに注意する。
$a<0$ のときは，原点で最大値 $y=0$ となる。

2 変化の割合

入試POINT

① 変化の割合：関数において，x の値が 1 増えるときの y の増加量

② (変化の割合)$=\dfrac{(y\text{ の増加量})}{(x\text{ の増加量})}$

③ 1 次関数 $y=ax+b$ の変化の割合は a で一定。

④ 反比例の関数 $y=\dfrac{a}{x}$や関数 $y=ax^2$ における変化の割合は一定ではない。

例題 $y=2x^2$ においてxの値が 2 から 4 まで増加するときの変化の割合を求めよ。

ココがカギ 対応する y の値を求め，(変化の割合)$=\dfrac{(y\text{ の増加量})}{(x\text{ の増加量})}$にあてはめる。

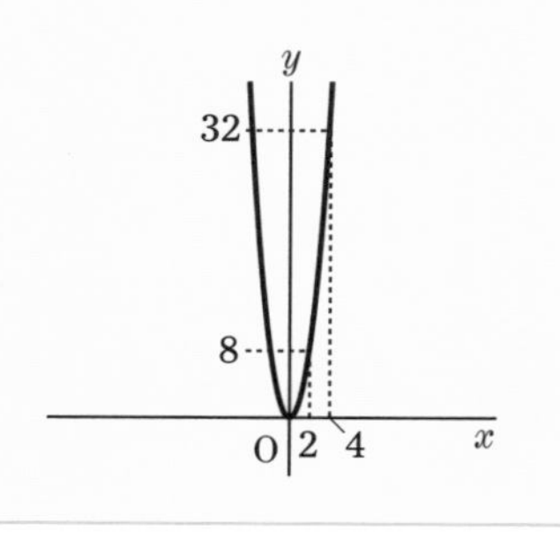

解き方 $x=2$ のとき　$y=2\times2^2=8$

$x=4$ のとき　$y=2\times4^2=32$

よって，変化の割合は

$\dfrac{32-8}{4-2}=\dfrac{24}{2}=12$　　 12

入試問題で実力チェック！

正答率 88.9%

1 関数 $y=\frac{12}{x}$ について，x の変域が $3 \leqq x \leqq 6$ のときの y の変域を求めよ。〈栃木県〉

➡ P.44 **1** 変域

2 1 次関数 $y=2x+3$ について，x の変域が $-1 \leqq x \leqq 2$ のとき，y の変域を求めよ。〈新潟県〉

➡ P.44 **1** 変域

正答率 52.1%

3 関数 $y=-3x^2$ について，x が -4 から 3 まで増加したときの，y の変域を求めよ。〈滋賀県〉

➡ P.44 **1** 変域

正答率 59.9%

4 関数 $y=x^2$ について，x の変域が $-2 \leqq x \leqq 3$ のときの y の変域を求めよ。〈大分県〉

➡ P.44 **1** 変域

5 関数 $y=\frac{1}{2}x^2$ について，x の変域が $-2 \leqq x \leqq 4$ のときの y の変域を求めよ。〈富山県〉

➡ P.44 **1** 変域

6 関数 $y=2x^2$ で，x の値が 1 から 3 まで増加するときの変化の割合を求めよ。〈岐阜県〉

➡ P.44 **2** 変化の割合

7 関数 $y=x^2$ について，x の変域が $-a \leqq x \leqq a$ で，y の変域が $0 \leqq y \leqq 16$ のとき，a の値を求めよ。〈富山県〉

➡ P.44 **1** 変域

8 関数 $y=ax^2$ について，x の変域が $-2 \leqq x \leqq 3$ のとき，y の変域は $-36 \leqq y \leqq 0$ となる。このとき，a の値を求めよ。 〈埼玉県〉

➡ P.44 1 変域

9 関数 $y=ax^2$ のグラフが点$(6,\ 12)$を通っている。このとき，次の(1)，(2)に答えよ。 〈鳥取県〉

➡ P.44 1 変域

(1) a の値を求めよ。

(2) x の変域が $-4 \leqq x \leqq 2$ のとき，y の変域を求めよ。

10 右の図のように，関数 $y=ax^2$ …㋐ のグラフ上に 2 点 A, B があり，点 A の座標が$(6,\ p)$，点 B の座標が$(-4,\ 4)$である。このとき，次の問いに答えよ。 〈三重県〉

➡ P.44 2 変化の割合

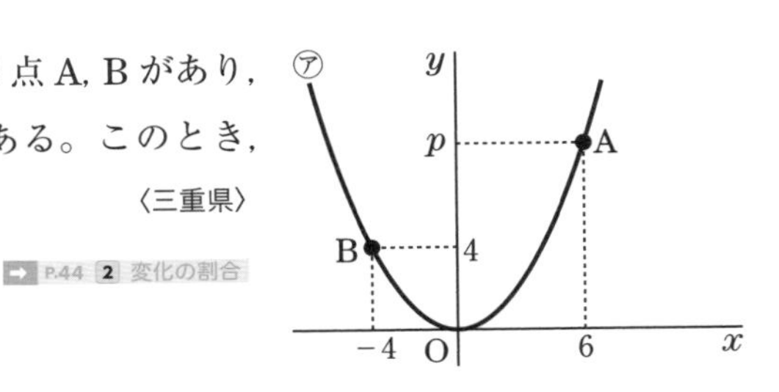

(1) a，p の値を求めよ。

(2) 関数㋐について，x の値が -4 から 0 まで増加するときの変化の割合を求めよ。

11 関数 $y=ax^2$（a は定数）と $y=6x+5$ について，x の値が 1 から 4 まで増加するときの変化の割合が同じであるとき，a の値を求めよ。 〈愛知県〉

➡ P.44 2 変化の割合

12 関数 $y=\frac{1}{2}x^2$ で，x の値が 1 から 5 まで増加するときの変化の割合が，1 次関数 $y=ax+2$ の変化の割合と等しくなった。このとき，a の値を求めよ。 〈埼玉県〉

➡ P.44 2 変化の割合

13 関数 $y=ax^2$ について，x の値が 2 から 6 まで増加するときの変化の割合が -4 である。このとき，a の値を求めよ。

〈福島県〉

➡ P.44 2 変化の割合

答率 2.9%

14 右の図は，関数 $y=\dfrac{6}{x}$ のグラフである。関数 $y=\dfrac{6}{x}$ について述べた次の**ア**～**エ**の中から，誤っているものを 1 つ選び，その記号を書け。

〈埼玉県〉

➡ P.44 2 変化の割合

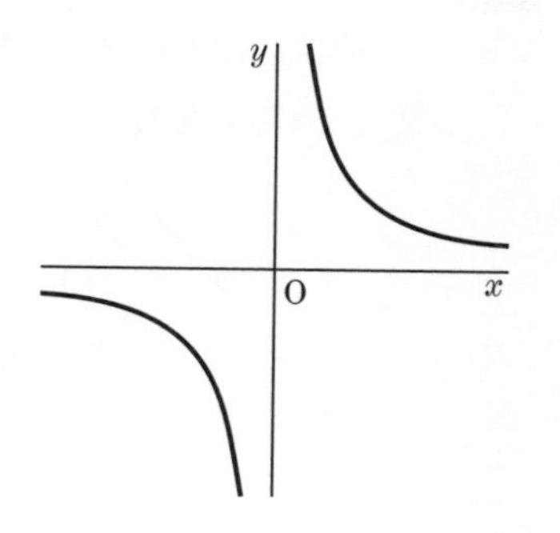

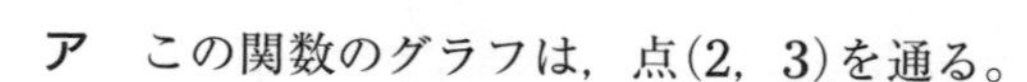

ア　この関数のグラフは，点(2，3)を通る。

イ　この関数のグラフは，原点を対称の中心として点対称である。

ウ　$x<0$ の範囲で，変化の割合は一定である。

エ　$x<0$ の範囲で，x の値が増加するとき，y の値は減少する。

15 右の図のように，関数 $y=ax^2$ のグラフ上に 2 点 A，B がある。点 A，B の x 座標はそれぞれ -2，4 である。直線 AB の傾きが $\dfrac{2}{3}$ のとき，a の値を求めよ。

〈広島県〉

➡ P.44 2 変化の割合

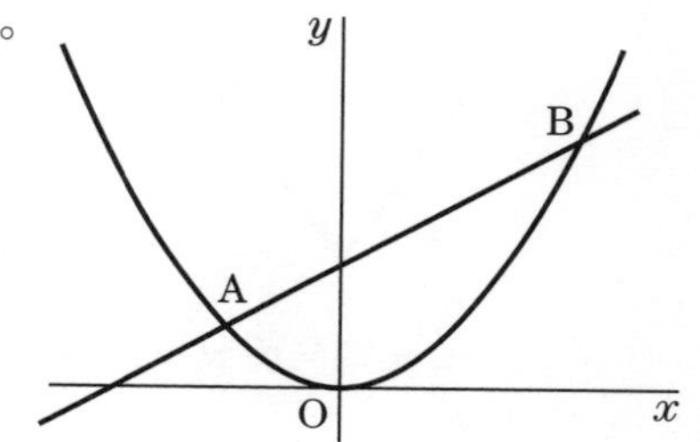

16 右の図のように，関数 $y=\dfrac{1}{2}x^2$ のグラフ上に 3 点 A，B，C があり，それぞれの x 座標は -2，4，6 である。このとき，次の問いに答えよ。

〈富山県・一部抜粋〉

➡ P.44 1 変域，2 変化の割合

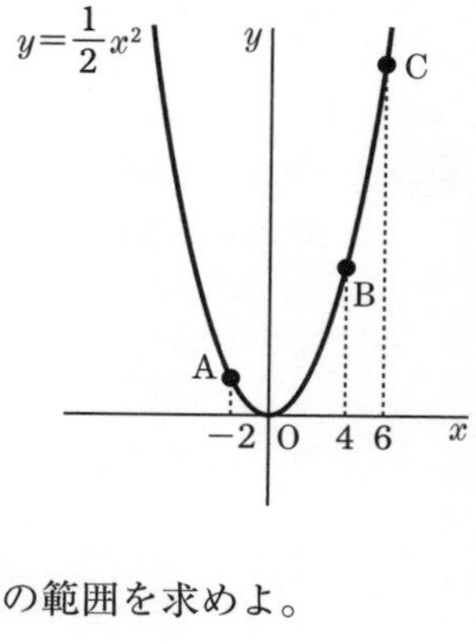

(1)　関数 $y=\dfrac{1}{2}x^2$ について，x の変域が $-4 \leqq x \leqq 2$ のときの y の変域を求めよ。

(2)　点 A を通る傾き a の直線を ℓ とする。直線 ℓ と関数 $y=\dfrac{1}{2}x^2$ のグラフの点 B から C の部分 $(4 \leqq x \leqq 6)$ とが交わるとき，a の値の範囲を求めよ。

平面図形の長さ・面積

出題率 82.4%

1 平面図形の長さ・面積

入試POINT ① 長さや面積を求めるときには，三平方の定理，円周角と中心角の関係，線分の比による面積の比，図形の分割や移動などを用いることが多い。

② 三角形の面積

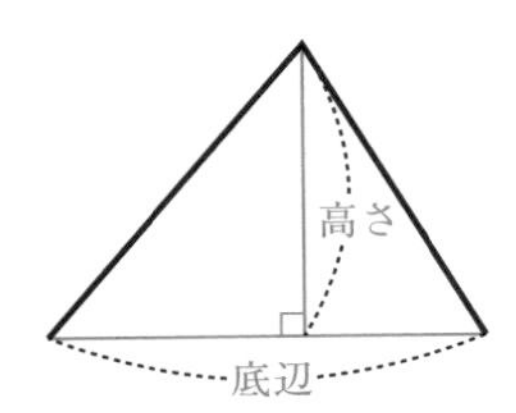

$\frac{1}{2}$× 底辺 × 高さ

③ 台形の面積

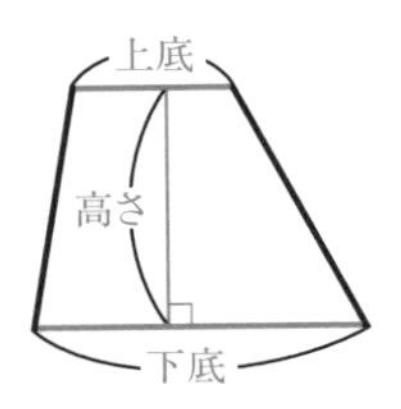

$\frac{1}{2}$×(上底＋下底)× 高さ

④ 平行四辺形の面積

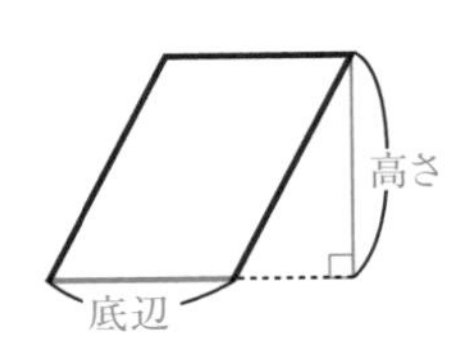

底辺 × 高さ

⑤ ひし形の面積

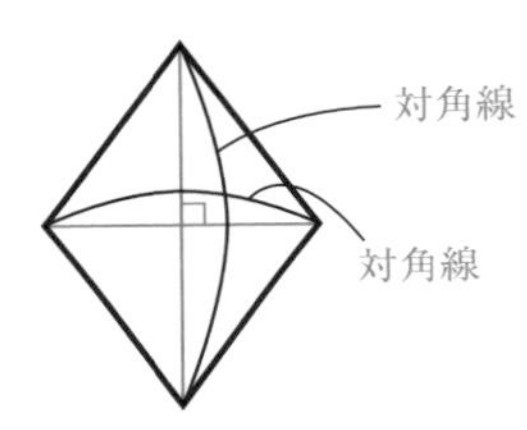

$\frac{1}{2}$× 対角線 × 対角線

⑥ 円の面積

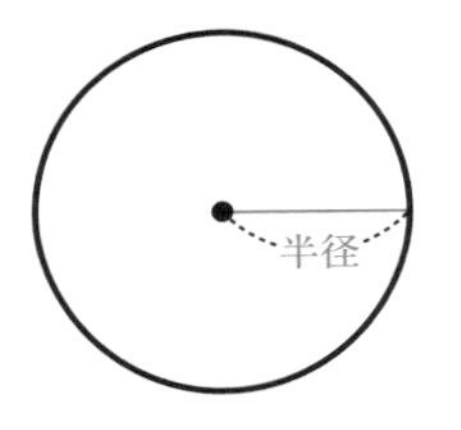

円周率 × 半径 × 半径

⑦ おうぎ形の面積

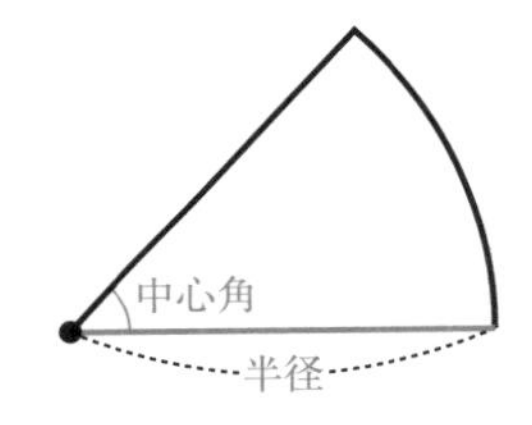

円周率 × 半径 × 半径 × $\frac{中心角}{360°}$

2 相似な図形の面積比

入試POINT ① 相似比が $m：n$ である相似な図形の面積比は $m^2：n^2$

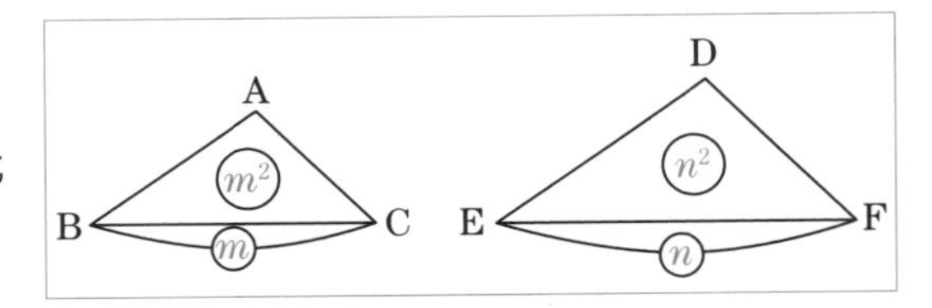

例題 右の図で，AB：AC＝2：3 でBE//CDである。△ABEの面積が 4cm² のとき，△ACDの面積を求めよ。

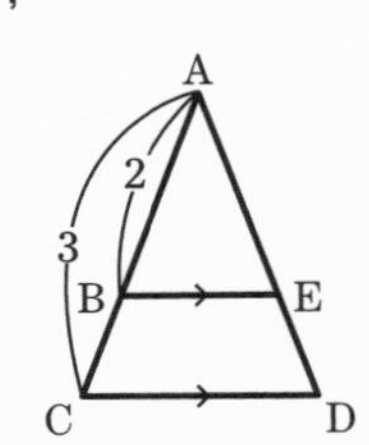

ココがカギ 相似比が $m：n$ のとき，面積比は $m^2：n^2$ となる。

解き方 △ ABE と△ ACD は相似で相似比 2：3 より，面積比は

$2^2：3^2=4：9$

よって，△ ACD の面積は，$4\times\frac{9}{4}=9$(cm²)　 答 9cm²

入試問題で実力チェック！

よくでる

1 右の図のような，∠ABC＝90°である直角三角形ABCについて，AB＝5cm，AC＝7cmのとき，△ABCの面積を求めよ。

〈佐賀県〉

➡ P.48 1 平面図形の長さ・面積

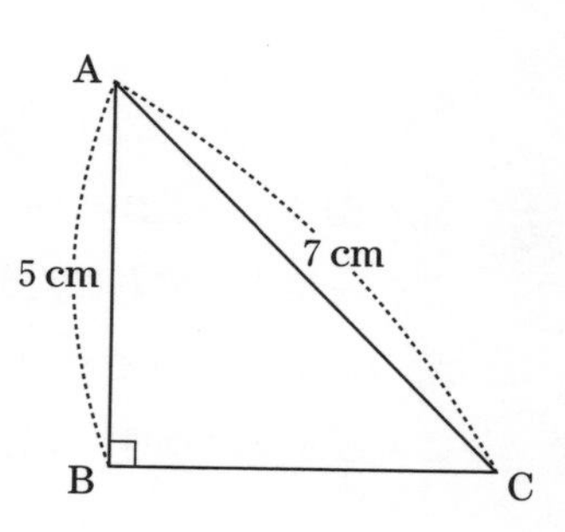

2 右の図のように，半径2cmの円Oがあり，その外部の点Aから円Oに接線をひき，その接点をBとする。また，線分AOと円Oとの交点をCとし，AOの延長と円Oとの交点をDとする。∠OAB＝30°のとき，次の問いに答えよ。

〈栃木県〉

➡ P.48 1 平面図形の長さ・面積

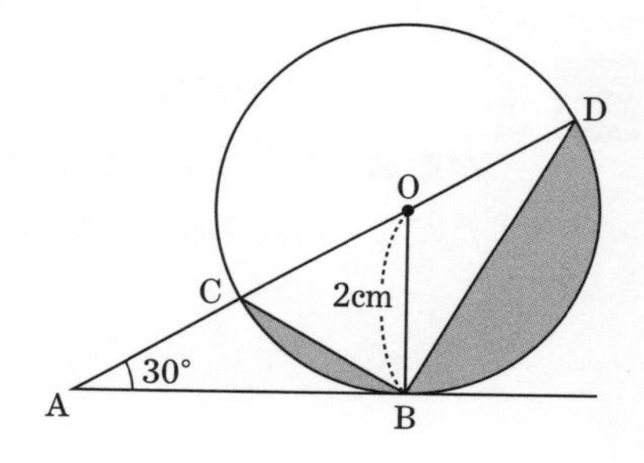

正答率 47.1%

(1) ADの長さを求めよ。

正答率 9.8%

(2) Bを含む弧CDと線分BC，BDで囲まれた色のついた部分（▭の部分）の面積を求めよ。ただし，円周率はπとする。

3 右の図で，四角形ABCDは正方形であり，Eは辺DCの中点，Fは線分AEの中点，Gは線分FBの中点である。AB＝8cmのとき，次の問いに答えよ。

〈愛知県〉

➡ P.48 1 平面図形の長さ・面積

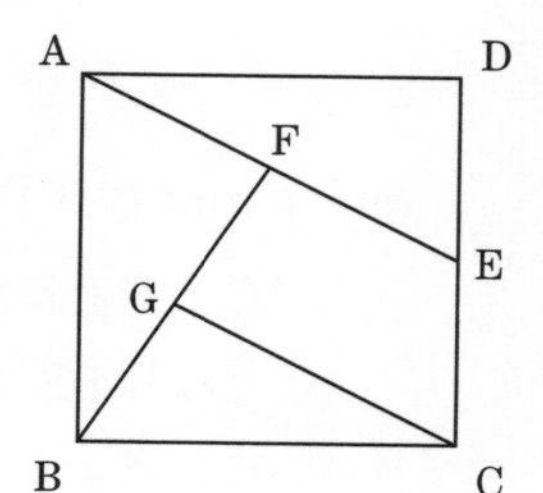

(1) 線分GCの長さは何cmか，求めよ。

(2) 四角形FGCEの面積は何cm^2か，求めよ。

4 1辺の長さが2cmの正三角形Fと，1辺の長さが3cmの正三角形Gがある。FとGの面積の比を求めよ。 〈徳島県〉

➡ P.48 2 相似な図形の面積比

5 右の図1は，AB＝2cm，BC＝1cmの長方形ABCDを，点Cを固定して右にたおしたようすである。長方形の頂点A，B，Dはそれぞれ頂点A′，B′，D′に移るものとする。このとき，次の問いに答えよ。 〈沖縄県〉

➡ P.48 1 平面図形の長さ・面積

図1

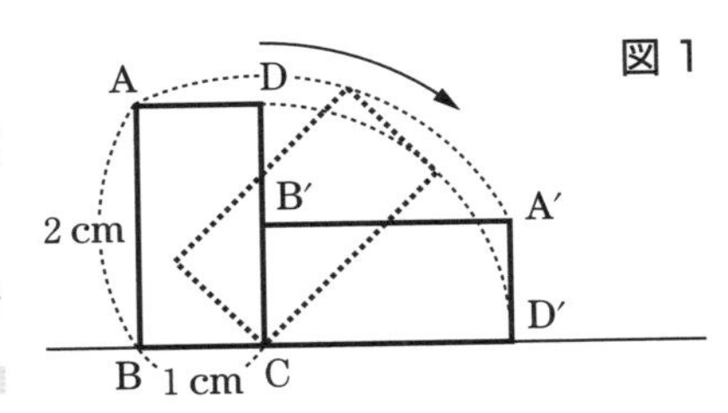

(1) 長方形ABCDの対角線の長さを求めよ。

ハイレベル

(2) 右の図2の斜線部分は，図1において長方形ABCDが通過した部分を表している。斜線部分の面積を求めよ。ただし，円周率はπとする。

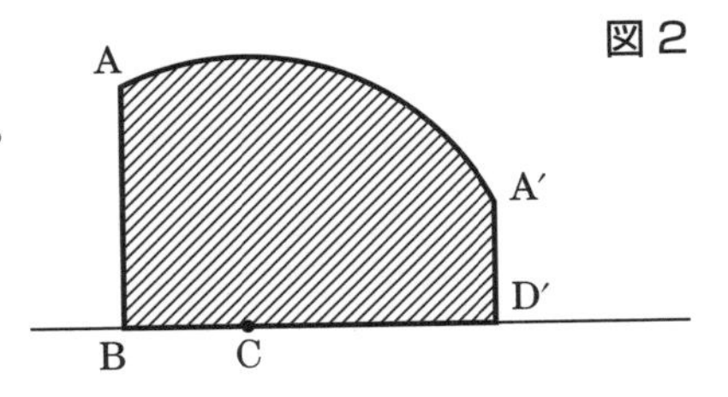

図2

6 右の図Ⅰのように，AB＝5cm，AD＝10cm，∠BADが鈍角の平行四辺形ABCDがある。点Cから辺ADにひいた垂線が辺ADと交わる点をEとし，DE＝3cmである。このとき，あとの各問いに答えよ。 〈鳥取県〉

➡ P.48 1 平面図形の長さ・面積，2 相似な図形の面積比

図Ⅰ

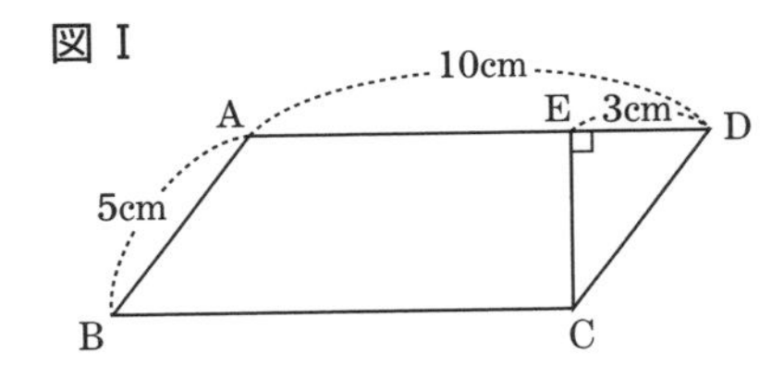

正答率 52.0%

(1) △ACEの面積を求めよ。

(2) 右の図Ⅱのように，∠ADCの二等分線が辺BC，線分ACと交わる点をそれぞれF，Gとする。また，線分ACと線分BEの交点をHとする。このとき，あとの①～③に答えよ。

図Ⅱ

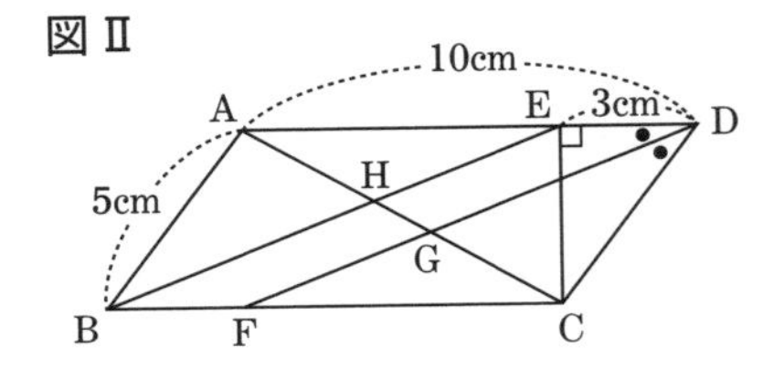

正答率 22.3%

① AH：HCを最も簡単な整数の比で答えよ。

ハイレベル 正答率 1.7%

② △CGFの面積を求めよ。

思考力 正答率 3.4%

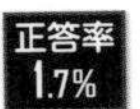

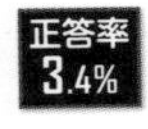

③ AH：HG：GCを最も簡単な整数の比で答えよ。

7 右の図のように，点Oを中心とし，ABを直径とする半円(大きい半円)と，CDを直径とする半円(小さい半円)があり，AB＝12cm，CD＝6cmである。また，Eは大きい半円の周上の点で，弦AEは点Fで小さい半円に接し，AB⊥EDである。このとき，次の問いに答えよ。ただし，円周率はπとする。

〈佐賀県〉

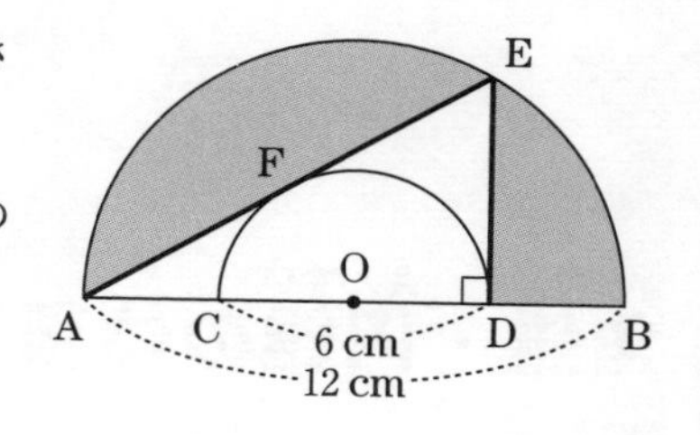

➡ P.48 1 平面図形の長さ・面積

(1) 線分AFの長さを求めよ。

(2) 図の灰色部分の面積を求めよ。

くる

8 右の図1のように，AB＝12cm，BC＝8cm，∠ABC＝60°の平行四辺形ABCDがあり，点Aから線分BCにひいた垂線と線分BCとの交点をEとする。図2のように，この平行四辺形ABCDを，頂点Aが頂点Cに重なるように折り返したとき，折り目の両端をF，Gとし，頂点Dが移った点をHとする。また，点Fから線分BCにひいた垂線と線分BCとの交点をIとする。このとき，次の問いに答えよ。

〈新潟県〉

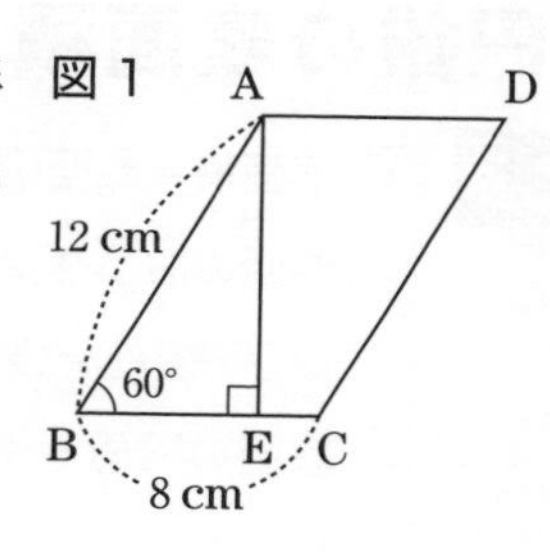

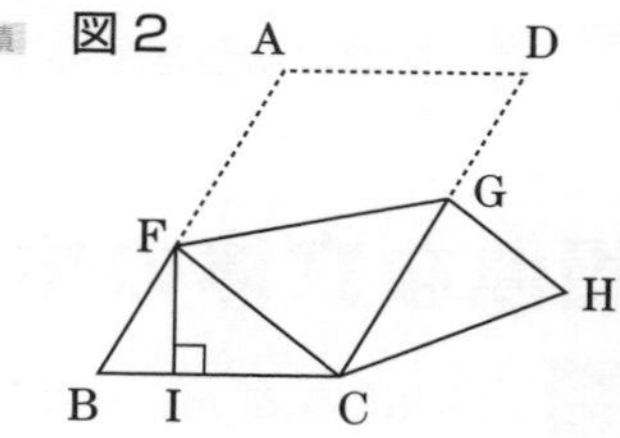

(1) 図1について，次の①，②の問いに答えよ。

① 線分AEの長さを答えよ。

② 平行四辺形ABCDの面積を答えよ。

(2) 図2について，△BCF≡△HCGであることを証明せよ。

(3) 図2において，BIの長さを$x$cmとするとき，次の①～③の問いに答えよ。

正答率 11.4%
① △BCFの面積を，xを用いて表せ。

正答率 3.0%
② 線分CFの長さを，xを用いて表せ。

正答率 0.3%
③ △CFGの面積を求めよ。

図形編
でる順 2 位

立体の面積・体積

出題率 69.3%

1 角錐(かくすい)・円錐(えんすい)の体積

① 底面積が S，高さが h である角錐・円錐の体積 V は，$V=\frac{1}{3}Sh$

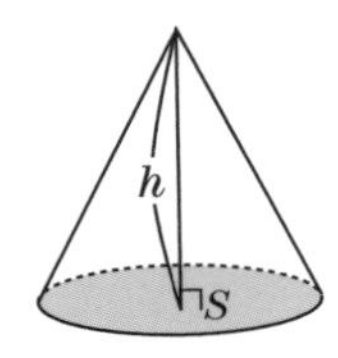

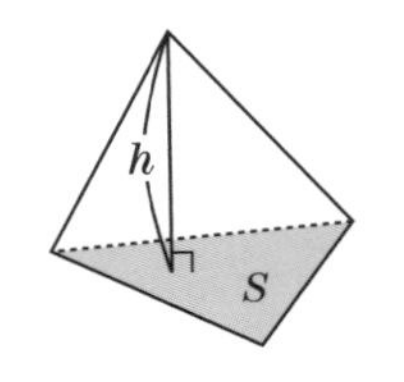

色のついた部分が立体の底面。
$\frac{1}{3}$ を忘れないようにする。

2 円錐の表面積

① 表面積＝底面積＋側面積

側面のおうぎ形の面積

＝(母線 ℓ)×(底面の半径 r)×π

② 底面の円周と側面のおうぎ形の弧の長さは等しい。

③ 側面のおうぎ形の中心角＝$360°\times\frac{\text{底面の半径 } r}{\text{母線 } \ell}$

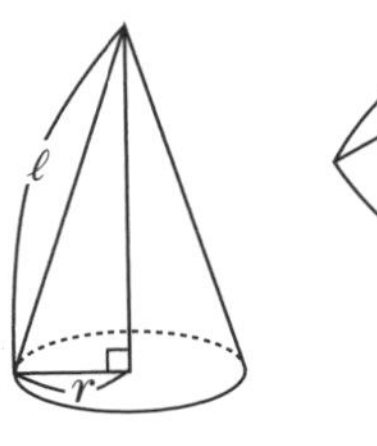

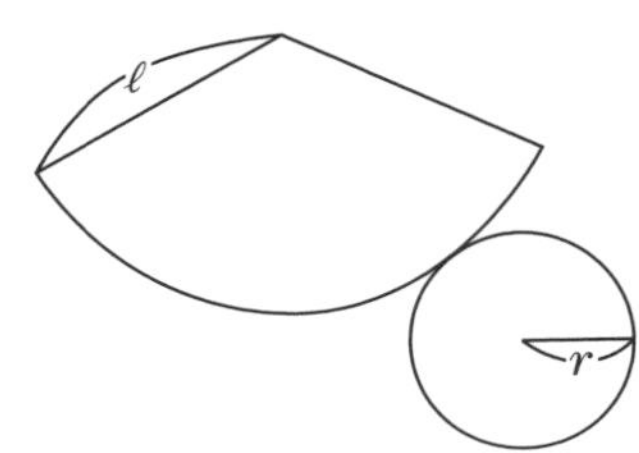

3 相似な立体の体積比

入試POINT
① 相似比が $m:n$ である相似な立体の体積比は $m^3:n^3$

4 回転体の体積

① 直線 ℓ を軸として，そのまわりに平面図形を回転させてできた立体の体積のこと。円柱や円錐，球になることが多い。

5 球の体積・表面積

① 半径 r の球の体積 V は　$V=\frac{4}{3}\pi r^3$

② 平面や立体に球が内接しているとき，半径は接点と中心との長さに等しい。

③ 半径 r の球の表面積 S は　$S=4\pi r^2$

入試問題で実力チェック！

解答解説 別冊 P.26

よくでる

1 右の図のような直角三角形ABCを，辺ACを軸として1回転させてできる立体の体積は何cm^3か。ただし，円周率はπとする。

〈長崎県〉

➡ P.52 4 回転体の体積

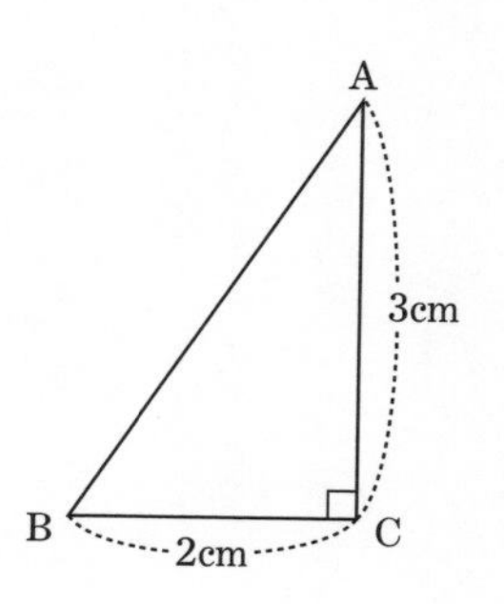

よくでる

2 右の図のような，底面の半径が3cm，高さが4cmの円錐がある。この円錐の表面積を求めよ。ただし，円周率はπとする。

〈埼玉県〉

➡ P.52 2 円錐の表面積

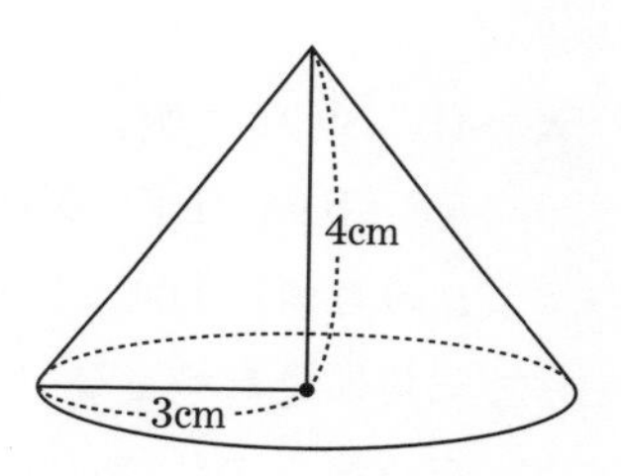

3 右の図で，四角錐Pと四角錐Qは相似で，相似比が2：1である。このとき，四角錐Pと四角錐Qの体積比を求めよ。

〈岩手県〉

➡ P.52 3 相似な立体の体積比

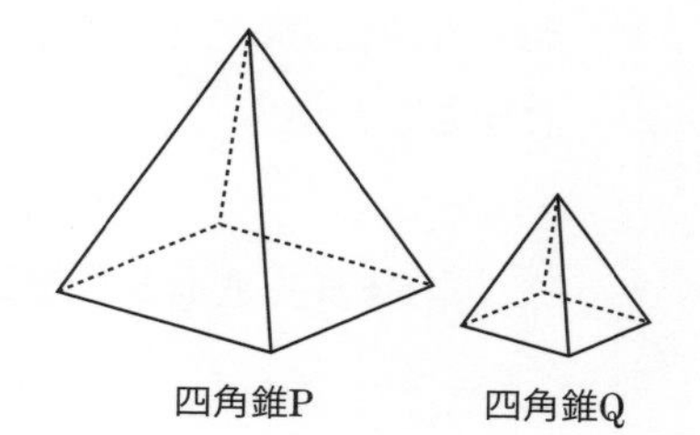

4 右の図のおうぎ形OABは，半径4cm，中心角90°である。このおうぎ形OABを，AOを通る直線ℓを軸として1回転させてできる立体の体積を求めよ。ただし，円周率はπとする。

〈和歌山県〉

➡ P.52 4 回転体の体積，5 球の体積・表面積

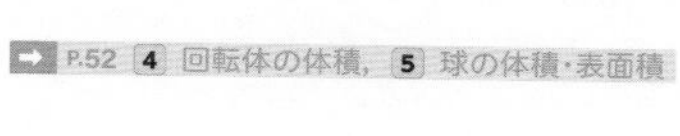

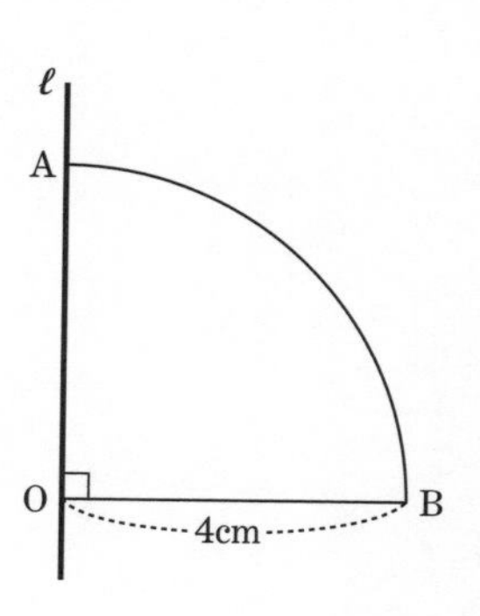

5 右の図は，底面が半径 6cm の円で，高さが 8cm の円錐を，底面からの高さが 4cm のところで，底面に平行な平面で切ったときの下側の立体である。この立体の体積を求めよ。ただし，円周率は π とする。〈福島県〉

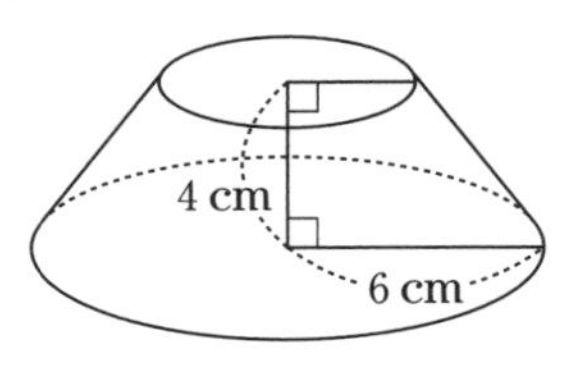

➡ P.52 1 角錐・円錐の体積，3 相似な立体の体積比

6 右の図のように，点 A，B，C，D，E，F，G，H を頂点とし，AE＝6cm，EF＝9cm，FG＝3cm の直方体 P がある。直方体 P の対角線 DF 上に点 I をとり，4 点 E，F，H，I を結んで三角錐 Q をつくる。

三角錐 Q の体積が直方体 P の体積の $\frac{1}{9}$ のとき，次の各問いに答えよ。

なお，各問いにおいて，答えの分母に$\sqrt{\ }$が含まれるときは，分母を有理化すること。また，$\sqrt{\ }$の中をできるだけ小さい自然数にすること。 〈三重県〉

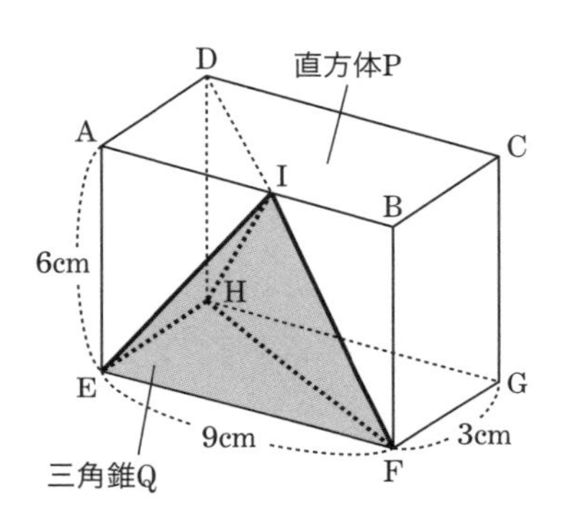

➡ P.52 1 角錐・円錐の体積

(1) △EFH を底面としたときの三角錐 Q の高さを求めよ。

(2) 線分 EI の長さを求めよ。

7 右の図のように，すべての辺が4cmの正四角錐OABCDがあり，辺OCの中点をQとする。点Aから辺OBを通って，Qまでひもをかける。このひもが最も短くなるときに通過するOB上の点をPとする。
このとき，次の問いに答えよ。 〈富山県〉

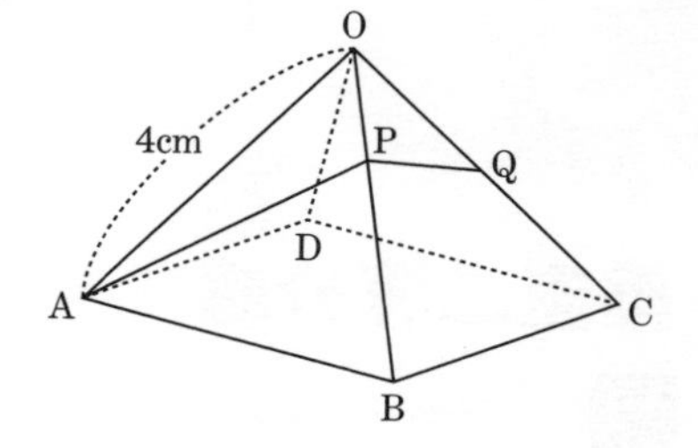

➡ P.52 1 角錐・円錐の体積

(1) △OABの面積を求めよ。

(2) 線分OPの長さを求めよ。

(3) 正四角錐OABCDを，3点A，C，Pを通る平面で2つに分けたとき，点Bを含む立体の体積を求めよ。

8 図1の四角形ABCDは，AB＝8cm，BC＝2cm，AD＝4cm，CD＝$h$cm，∠ADC＝∠BCD＝90°の台形である。図2は図1の台形ABCDを辺CDを軸として1回転させてできる立体の形をした容器Xを表しており，容器Xの高さは，$h$cmである。次の問いに答えよ。ただし，容器の厚さは考えないものとする。 〈大分県〉

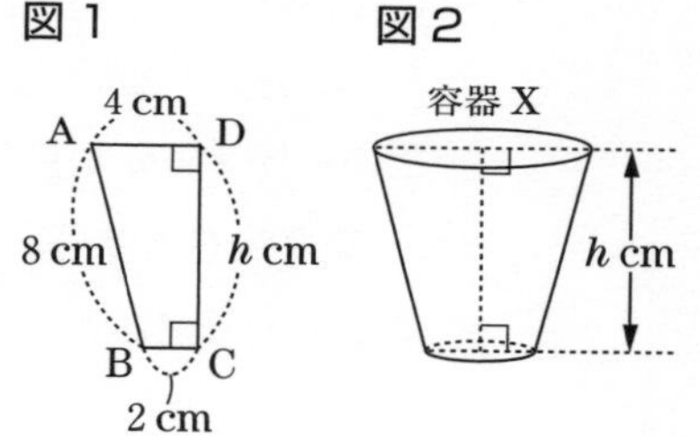

➡ P.52 1 角錐・円錐の体積，4 回転体の体積

(1) hの値を求めよ。

(2) 図3のような円柱の形をした容器Yがあり，容器Yの高さと側面積は，容器Xの高さと側面積とそれぞれ等しい。容器Yの底面の円の直径の長さをℓcmとして，ℓの値を求めよ。

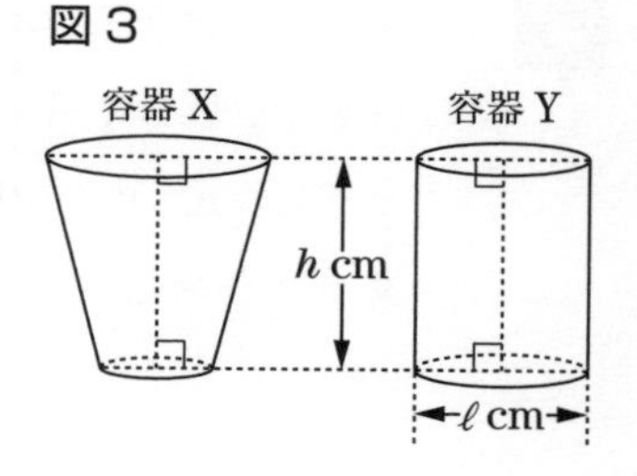

(3) (2)のとき，容器Xと容器Yのそれぞれに水をいっぱいに入れる。容器Xの中に入っている水の体積を$a$cm³，容器Yの中に入っている水の体積を$b$cm³とするとき，aとbの比を最も簡単な整数の比で表せ。

作　図

出題率 68.0%

1 垂直二等分線

① 線分を**垂直に2等分**する直線。

② 右の図で，A，Bを中心として，同じ半径の円をそれぞれかき，2つの円の交点P，Qを結ぶ。

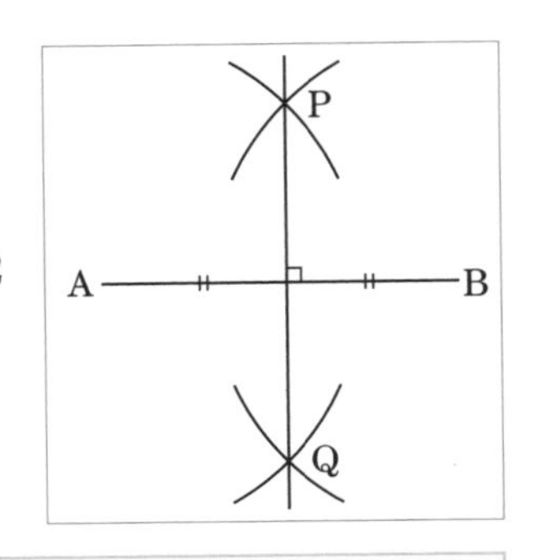

例題 右の図で，点Pを通り直線ℓに垂直な線を作図せよ。

ココがカギ 直線ℓ上にPから等しい距離にある2点をとる。

解き方 ① Pを中心とする，直線ℓと2点で交わる円と直線ℓの交点をA，Bとする。

② A，Bを中心とする，同じ半径の円をそれぞれかき，その交点をCとする。

③ PとCを結ぶと，直線PCは点Pを通り直線ℓに垂直な線となる。

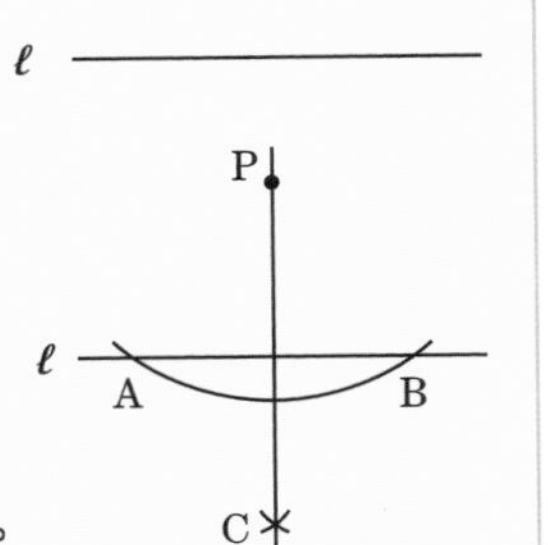

2 角の二等分線

① 角を**2等分**する直線。

② Oを中心として円をかき，OX，OYとの交点をそれぞれA，Bとする。A，Bを中心として，同じ半径の円をそれぞれかき，交点とOを結ぶ。

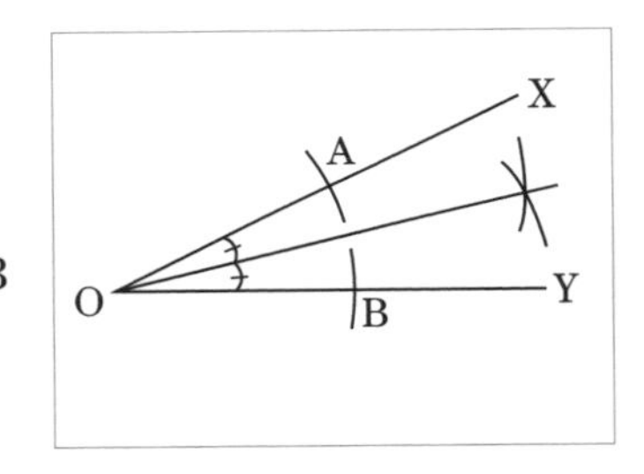

3 円の接線

① 円に接する直線。

② 円Oの周上の点をAとする。直線OAをかき，Aを中心として円をかき，OAとの交点をB，Cとする。
B，Cを中心として同じ半径の円をそれぞれかき，交点とAを結ぶ。

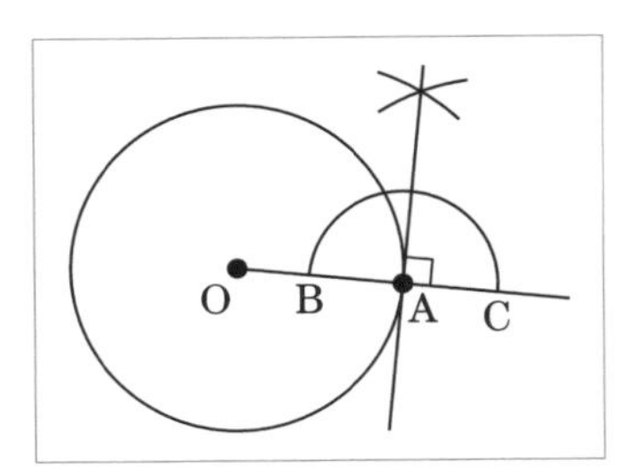

入試問題で実力チェック！

正答率 83.9%

1 右の図のように，線分 AB を直径とする円がある。円の中心 O を定規とコンパスを使って作図せよ。ただし，点を示す記号 O をかき入れ，作図に用いた線は消さないこと。〈北海道〉

➡ P.56 1 垂直二等分線

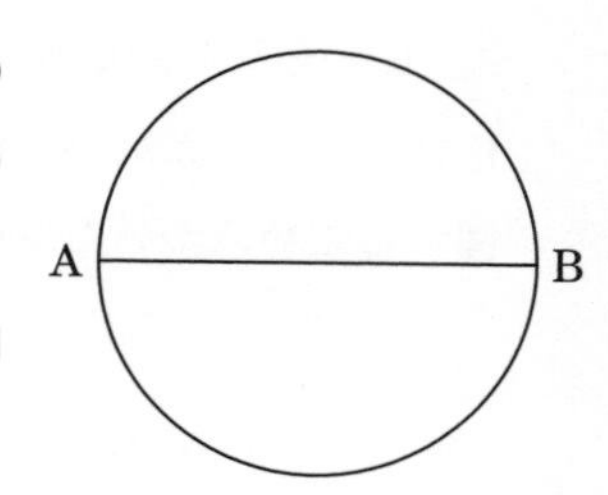

2 AB＝ACである二等辺三角形ABCの対称の軸を，定規とコンパスの両方を使って右の図に作図せよ。なお，作図に使った線は消さずに残しておくこと。〈徳島県〉

➡ P.56 1 垂直二等分線

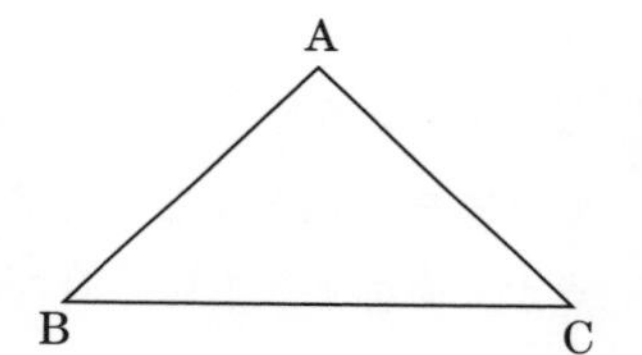

3 右の図において，次の条件①，②を満たす円を定規とコンパスを使って作図せよ。ただし，作図に用いた線は明確にして，消さずに残しておくこと。〈鳥取県〉

➡ P.56 1 垂直二等分線

A　B

ℓ

条件

①2 点 A，B を通る。
②直線ℓ上に円の中心がある。

4 右の図のように，直線ℓと直線ℓ上にない2点A，Bがあり，この2点を通る直線をmとする。直線ℓと直線mからの距離が等しくなる点のうち，2点A，Bから等しい距離にある点をPとするとき，点Pをコンパスと定規を使って作図せよ。ただし，作図するためにかいた線は，消さないでおくこと。

〈埼玉県〉

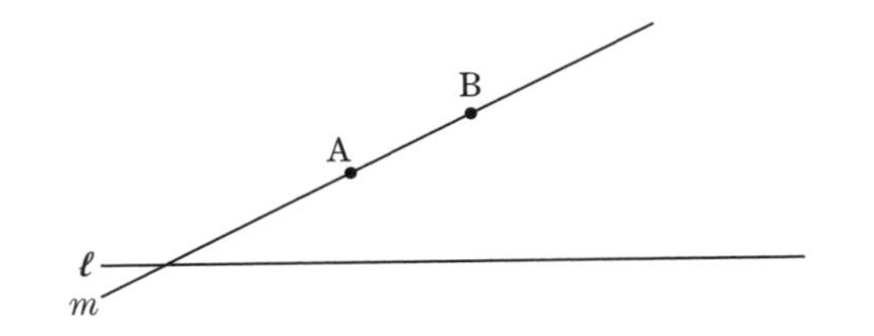

➡ P.56 1 垂直二等分線，2 角の二等分線

5 右の図のように，直線ℓ上に2点A，Bがある。線分ABを1辺とする正方形のうち，A，B以外の頂点が，直線より上側にあるものを定規とコンパスを使って作図せよ。ただし，作図に用いた線は消さずに残しておくこと。

〈愛媛県〉

➡ P.56 1 垂直二等分線

6 図のように，$\angle ABC=70°$，$\angle ACB=30°$である$\triangle ABC$がある。辺AC上に点D，辺BC上に点Eをとり，$\angle BDE=55°$，$\angle BED=90°$であるような直角三角形BEDをつくりたい。このとき，点Eを定規とコンパスを使って作図せよ。ただし，作図に用いた線は消さないこと。

〈山口県・一部抜粋〉

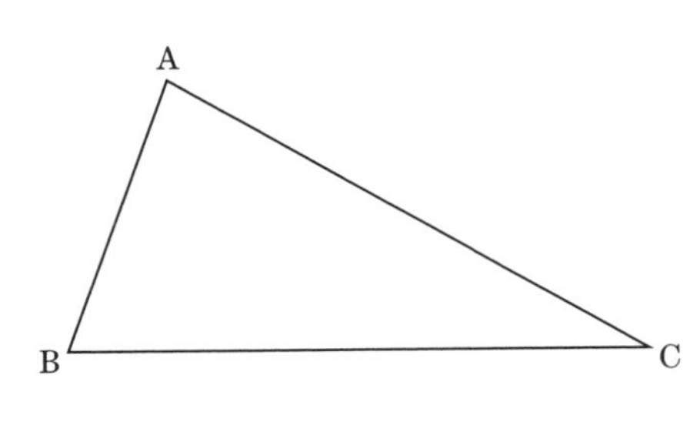

➡ P.56 1 垂直二等分線，2 角の二等分線

7 右の図で，線分 AB を直径とする半円の弧 AB 上に点 C があり，線分 AB の中点を O とするとき，∠OBD＝90°，∠DOB＝∠CAO となる直角三角形 DOB を 1 つ，定規とコンパスを用いて作図せよ。なお，作図に用いた線は消さずに残しておくこと。

〈三重県〉

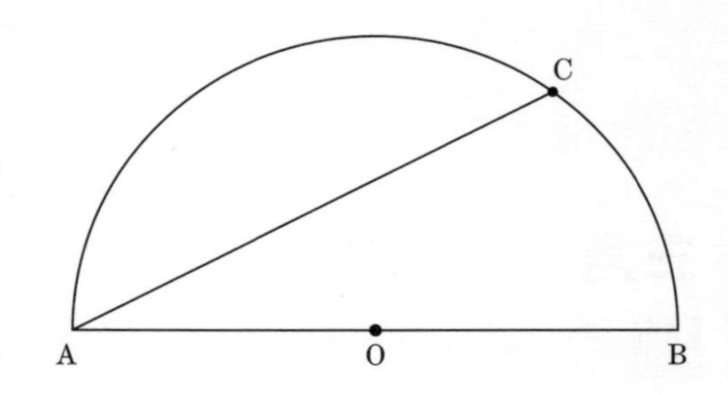

→ P.56 1 垂直二等分線，2 角の二等分線

8 右の図で，線分 AB 上に点 P，線分 BC 上に点 Q，線分 CA 上に点 R があるひし形 PBQR を，定規とコンパスを用いて作図せよ。なお，作図に用いた線は消さずに残しておくこと。　〈三重県〉

→ P.56 1 垂直二等分線，2 角の二等分線

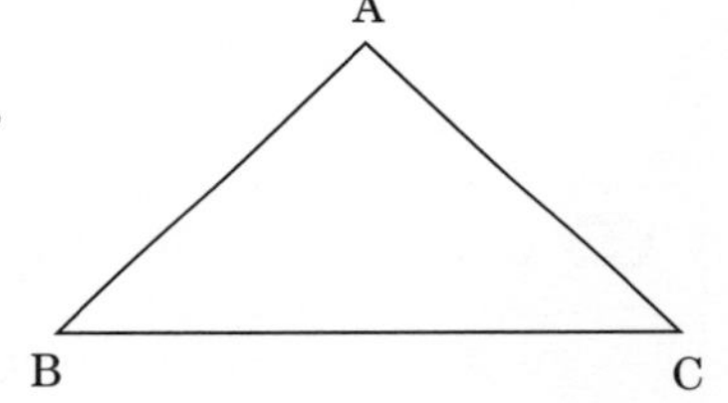

9 右の図において，2 点 A，B は円 O の円周上の点である。∠AOP＝∠BOP であり，直線 AP が円 O の接線となる点 P を作図せよ。ただし，作図には定規とコンパスを使用し，作図に用いた線は残しておくこと。

〈静岡県〉

→ P.56 3 円の接線

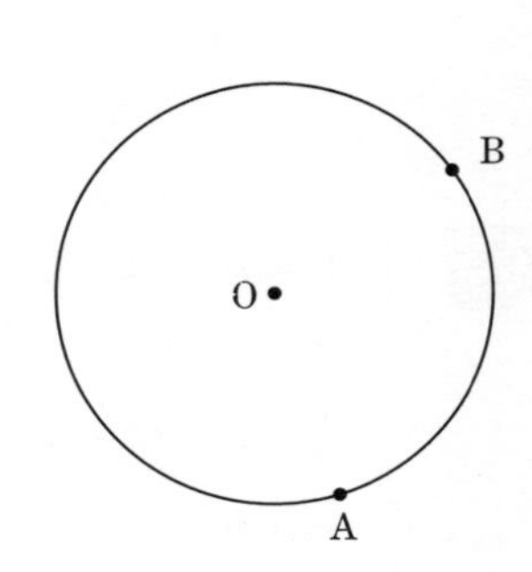

三角形の相似

出題率 52.9%

1 三角形の相似

① 3 組の辺の比がすべて等しい。

$a:d=b:e=c:f$

② 2 組の辺の比とその間の角がそれぞれ等しい。

$\begin{cases} a:d=c:f \\ \angle B=\angle E \end{cases}$

③ 2 組の角がそれぞれ等しい。

$\begin{cases} \angle B=\angle E \\ \angle C=\angle F \end{cases}$

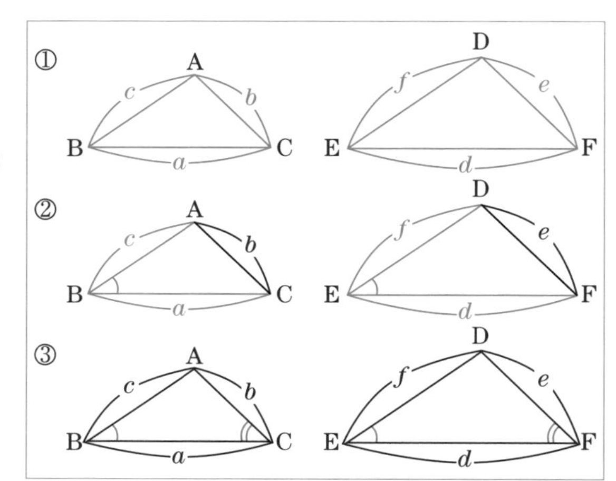

例題 右の図で，△ABC∽△DECを証明せよ。ただし，AB//EDとする。

辺の長さはわからないので，「2 組の角がそれぞれ等しい」の条件を使う。平行線から錯角が等しいことを用いればよい。

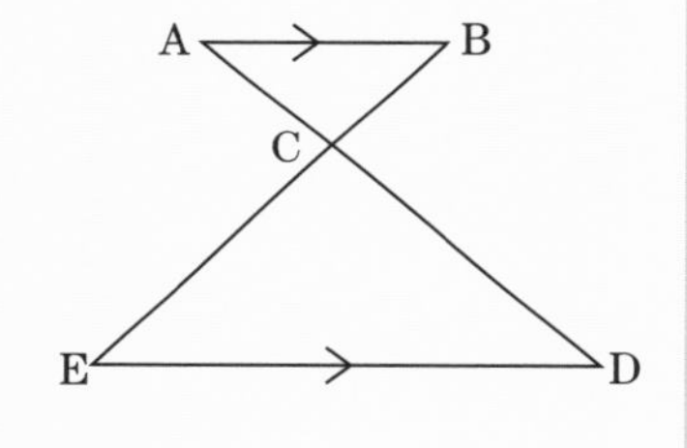

答 △ABC と△DEC において，
対頂角は等しいから，∠ACB＝∠DCE …①
AB//ED より，錯角が等しいので，
∠BAC＝∠EDC …②
①，②より **2 組の角がそれぞれ等しい**ので，△ABC∽△DEC

④ 相似が現れる図形

①平行線

AB//ED ならば
△ABC∽△DEC

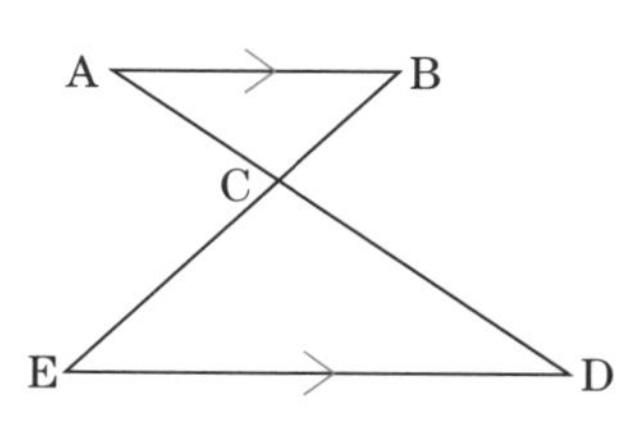

②直角三角形

∠BAC＝∠ADC
＝90° ならば
△ABC∽△DBA
∽△DAC

③1 つの角を共有

∠ABC＝∠ADE ならば
△ABC∽△ADE

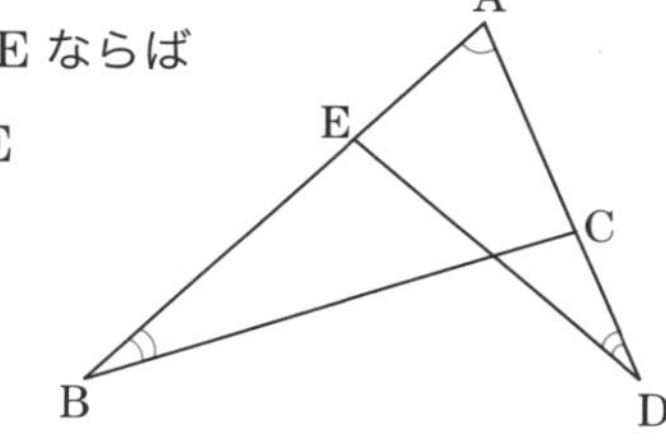

④円

A，B，C，D が
同一の円周上の点
ならば
△EAB∽△EDC

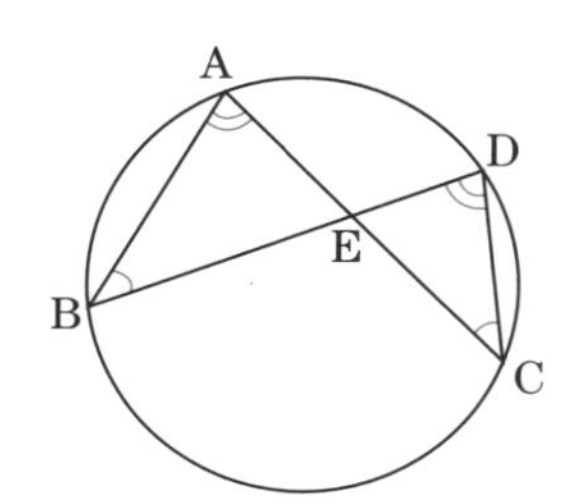

入試問題で実力チェック！

よくでる

1 右の図のように，円Oの周上に3点A，B，Cがあり，AB＝5cm，AC＝10cmである。Bを通りACに垂直な直線がACおよび円Oと交わる点をそれぞれD，Eとする。
このとき，△BCD∽△AEDを次のように証明した。(i)～(v)にあてはまるものを，あとの**ア**～**サ**からそれぞれ選んでその記号を書き，この証明を完成させよ。〈兵庫県・一部抜粋〉

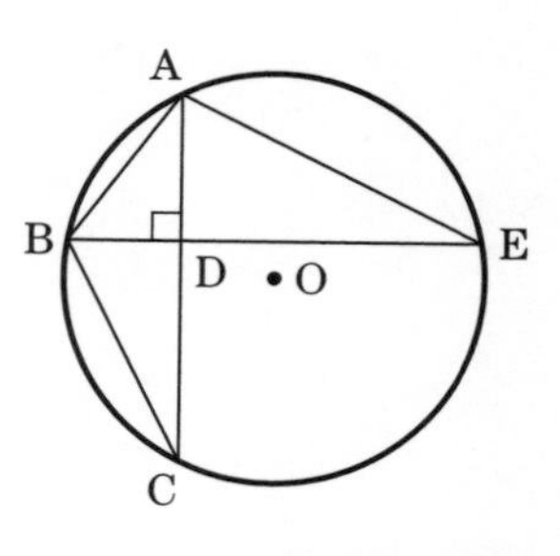

➡ P.60 1 三角形の相似

〈証明〉 △BCDと△AEDにおいて，
同じ弧に対する(i)は等しいから，
∠BCD＝∠(ii)……①
(iii)は等しいから，
∠BDC＝∠(iv)……②
①，②より(v)から，△BCD∽△AED

ア 対頂角 **イ** 同位角 **ウ** 錯角 **エ** 中心角 **オ** 円周角 **カ** AED **キ** ADE
ク DAE **ケ** 3組の辺の比がすべて等しい
コ 2組の辺の比とその間の角がそれぞれ等しい **サ** 2組の角がそれぞれ等しい

2 右の図のように，AB＝9，AC＝12の△ABCがある。点Dが辺AB上に，点Eが辺AC上にあり，AD＝8，AE＝6となっている。このとき，△ABC∽△AEDであることを証明せよ。〈岩手県〉

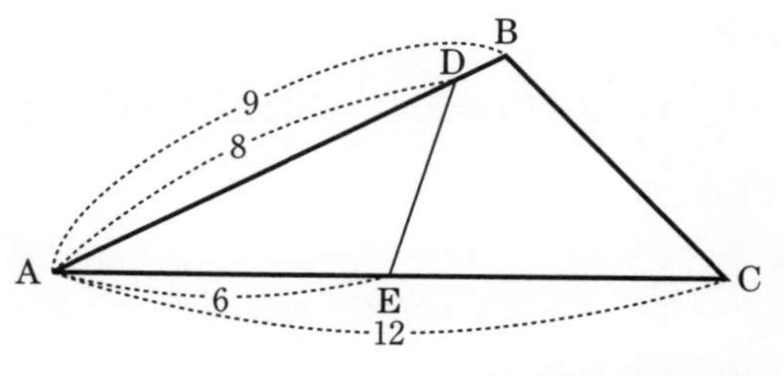

➡ P.60 1 三角形の相似

3 右の図のような，AB＝AC の二等辺三角形 ABC があり，辺 BA の延長に∠ACB＝∠ACD となるように点 D をとる。ただし，AB＜BC とする。
このとき，△DBC∽△DCA であることを証明せよ。

〈栃木県〉

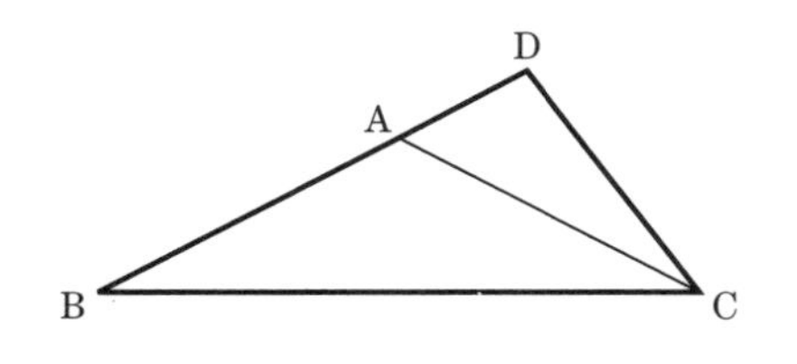

➡ P.60 1 三角形の相似

4 右の図のような，線分 AB を直径とする半円 O がある。$\overset{\frown}{AB}$ 上に点 C をとり，直線 AC 上に点 D を，∠ABD＝90° となるようにとる。このとき，△ABC∽△BDC であることを証明せよ。

〈愛媛県・一部抜粋〉

➡ P.60 1 三角形の相似

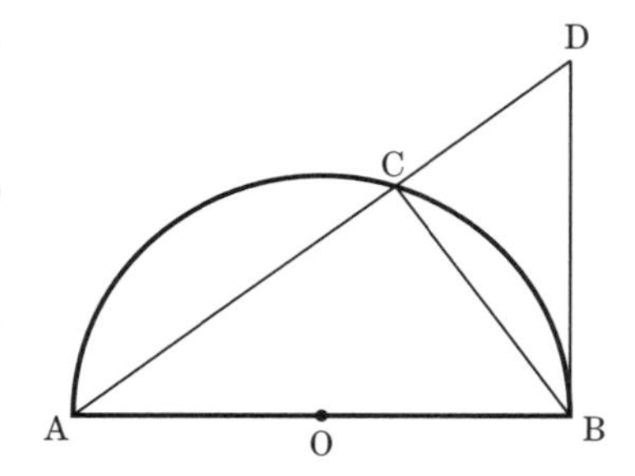

5 右の図のように，四角形 ABCD の 4 点 A，B，C，D が円 O の円周上にあり，対角線 AC は円 O の直径である。点 E は，線分 AC と線分 BD の交点であり，点 F は，直線 AB と直線 CD の交点である。このとき，次の問いに答えよ。

〈宮崎県・一部抜粋〉

➡ P.60 1 三角形の相似

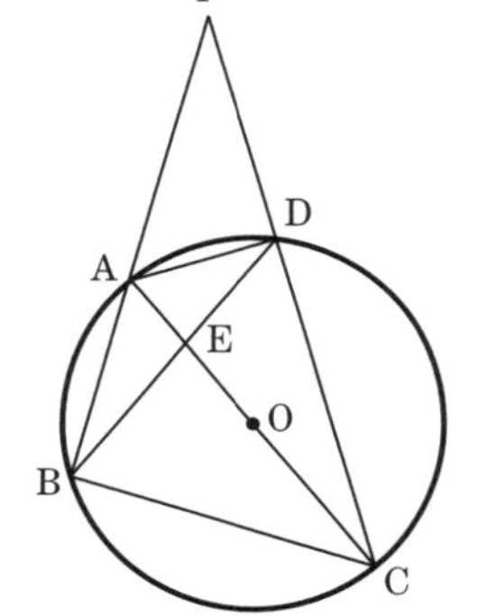

(1) ∠ABD＝24°，∠CED＝100° のとき，∠ACB の大きさを求めよ。

(2) △FBD∽△FCA であることを証明せよ。

6 図において，3点A，B，Cは円Oの円周上の点である。∠ABCの二等分線と円Oとの交点をDとし，BDとACとの交点をEとする。$\overset{\frown}{AB}$上にAD＝AFとなる点Fをとり，FDとABとの交点をGとする。このとき，次の問いに答えよ。 〈静岡県〉

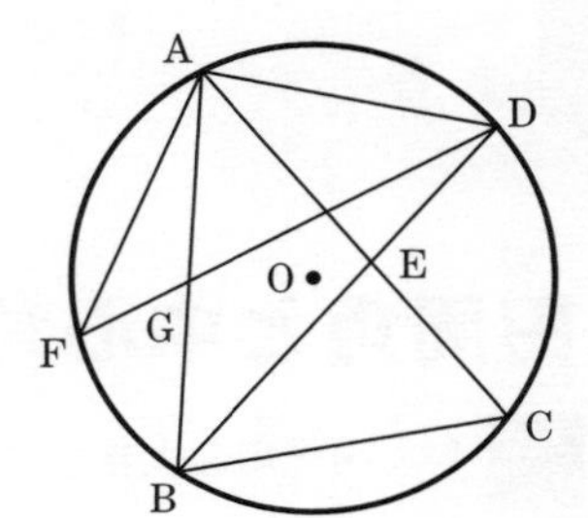

➡ P.60 1 三角形の相似

(1) △AGD∽△ECBであることを証明せよ。

(2) $\overset{\frown}{AF}$：$\overset{\frown}{FB}$＝5：3，∠BEC＝76°のとき，∠BACの大きさを求めよ。

7 右の図のように，線分ABを直径とする円Oがある。円Oの周上に点A，Bと異なる点Cをとり，線分ACを点Cの方向へ延長し，その延長線上にAD＝ABとなるように点Dをとる。線分BDと円Oの交点のうち，点B以外の交点をEとし，点Aと点Eを結ぶ。このとき，△ABE∽△BDCを証明せよ。 〈高知県〉

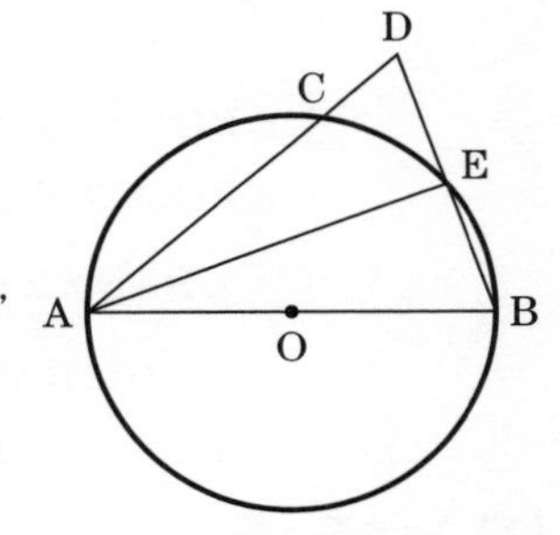

➡ P.60 1 三角形の相似

図形編

でる順 5 位

円と角

出題率 52.3%

1 円周角と中心角

入試POINT ① 円周角の大きさは**中心角**の大きさの**半分**に等しい。

$$\angle APB = \frac{1}{2}\angle AOB$$

② 1つの弧に対する円周角の大きさは**一定**である。

$$\angle APB = \angle AQB$$

③ 弧の長さは**中心角**の大きさに**比例**する。

④ 弧の長さは**円周角**の大きさに**比例**する。

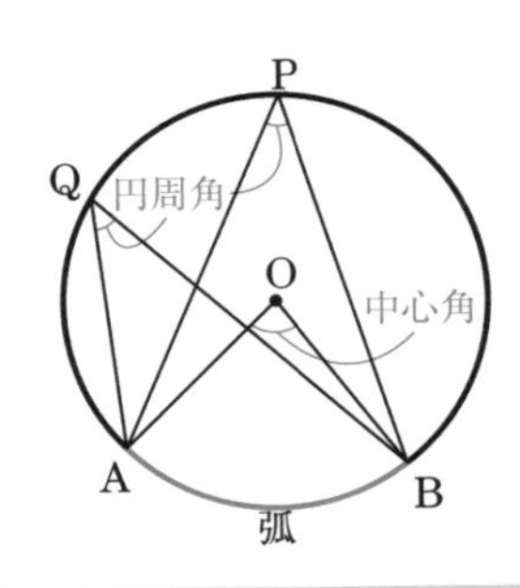

例題 右の図で，四角形ABCDは円Oに内接している。このとき，∠BAD＋∠BCDの大きさを求めよ。

ココがカギ ∠BAD の中心角は∠BOD（小さい方）＝∠BAD×2 で，∠BCD の中心角は∠BOD（大きい方）＝∠BCD×2 である。

解き方 **∠BOD（小さい方）＝∠BAD×2，**
∠BOD（大きい方）＝∠BCD×2 より，

∠BAD×2＋∠BCD×2＝360°

2(∠BAD＋∠BCD)＝360°　　∠BAD＋∠BCD＝180°

答 180°

2 円と接線

入試POINT ① 右の図で，直線 PA と直線 PB がそれぞれ点 A，B で円 O に接する接線のとき，

∠OAP＝∠OBP＝90°，PA＝PB

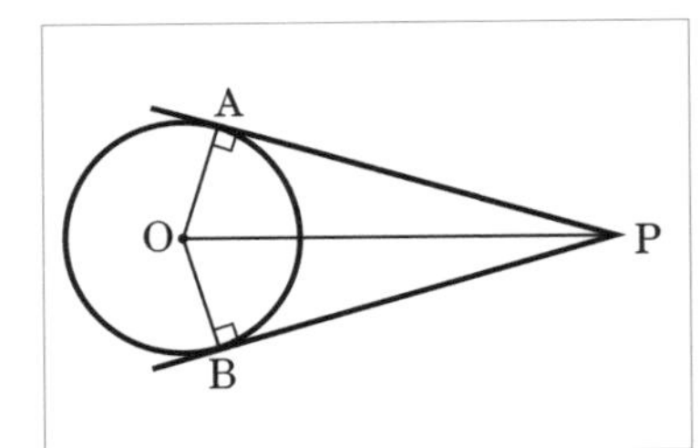

例題 右の図で，∠CAB＝∠APCが成り立つことを証明せよ。Oは円の中心で，Aは円Oとの接点，直線ABは円Oの接線とする。

ココがカギ △ACQ は直角三角形，円周角について∠APC＝∠AQC であることを用いる。

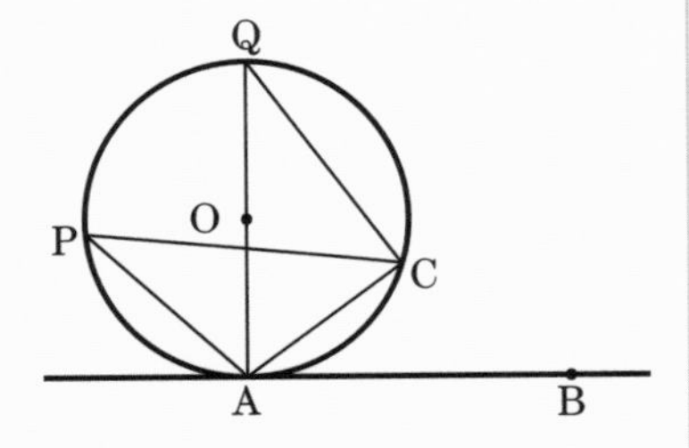

答 $\overset{\frown}{AC}$ に対する円周角は等しいから，**∠APC＝∠AQC**　…①

∠ACQ＝∠QAB＝90° より，**∠AQC＝90°−∠QAC＝∠CAB**　…②

①，②より，∠CAB＝∠APC

入試問題で実力チェック！

1 次の図の$\angle x$の大きさを求めよ。ただし，Oは円の中心とする。

➡ P.64 1 円周角と中心角

(1)

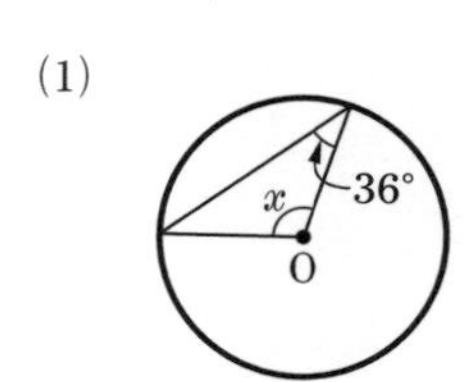

〈長崎県〉

(2)

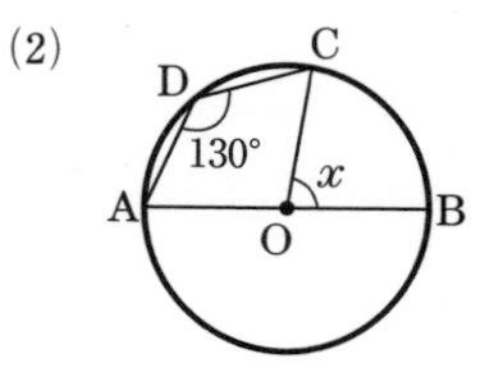

〈東京都〉

(3)

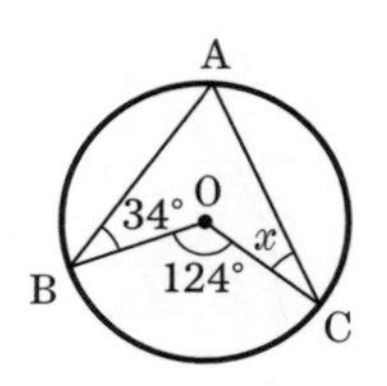

〈鳥取県〉

(4)

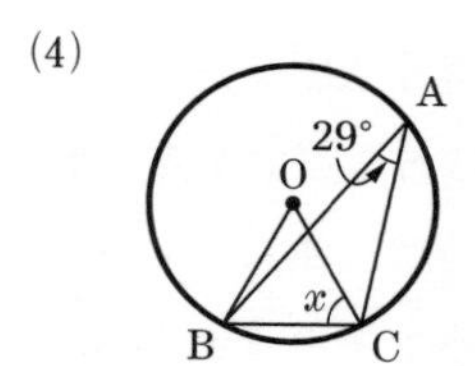

〈栃木県〉

正答率 80.9%

(5)

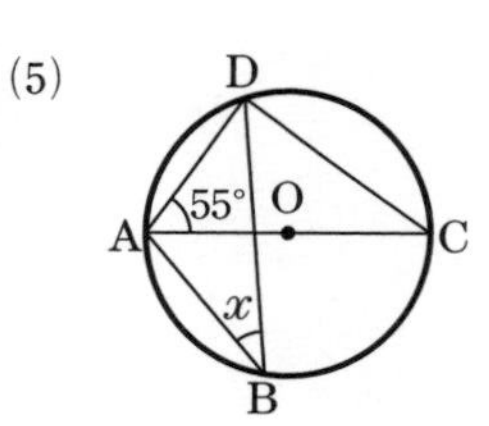

〈新潟県〉

(6)

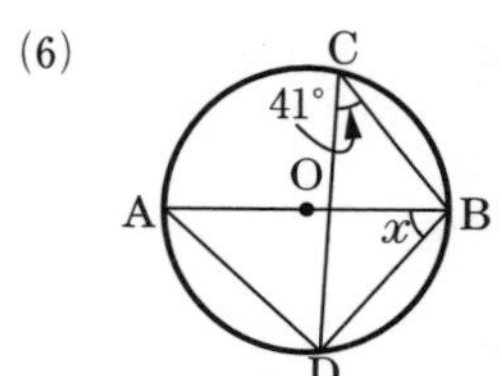

〈山梨県〉

2 右の図で，A，B，C，Dは円周上の点で，線分ACは$\angle$BADの二等分線である。また，Eは線分ACとBDとの交点である。$\angle$DEC$=86°$，$\angle$BCE$=21°$のとき，$\angle$ABEの大きさを求めよ。

〈愛知県〉

➡ P.64 1 円周角と中心角

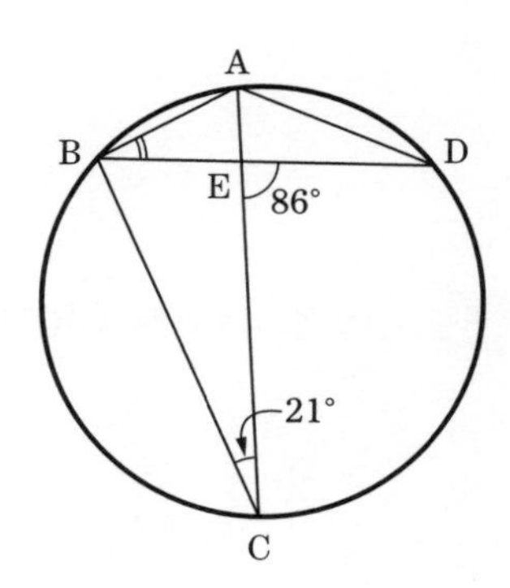

正答率 79.2%

3 右の図で，点A，B，C，D，Eは点Oを中心とする円の円周上の点で，線分BDは円Oの直径である。$\angle x$の大きさを求めよ。

〈福島県〉

➡ P.64 1 円周角と中心角

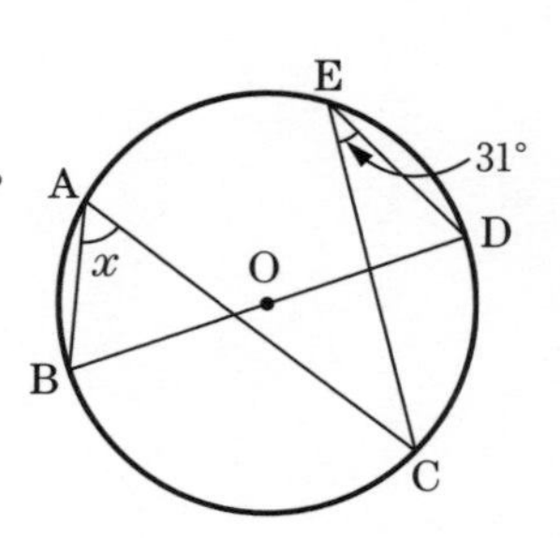

4 右の図で，4点A，B，C，Dは円Oの周上にあり，ACは円Oの直径である。BC＝BD，∠CBD＝30°のとき，x の値を求めよ。 〈岐阜県〉

P.64 1 円周角と中心角

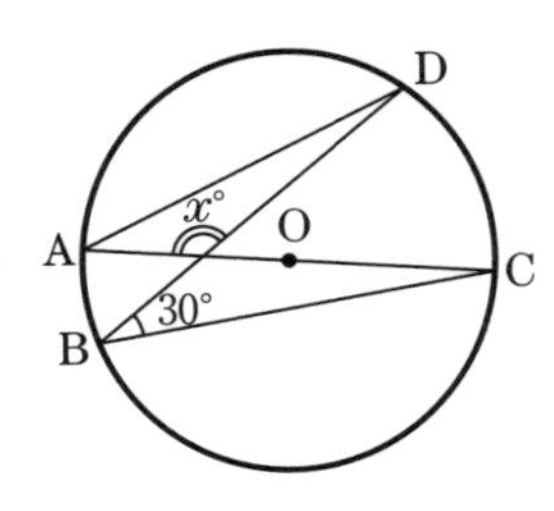

5 右の図で点Oは線分ABを直径とする円の中心であり，2点C，Dは円Oの周上にある点である。4点A，B，C，Dは図のようにA，C，B，Dの順に並んでおり，互いに一致しない。点Bと点D，点Cと点Dをそれぞれ結ぶ。線分ABと線分CDとの交点をEとする。点Aを含まない $\overset{\frown}{BC}$ について，$\overset{\frown}{BC}=2\overset{\frown}{AD}$，∠BDC＝34°のとき，$x$ で示した∠AEDの大きさを求めよ。

〈東京都〉

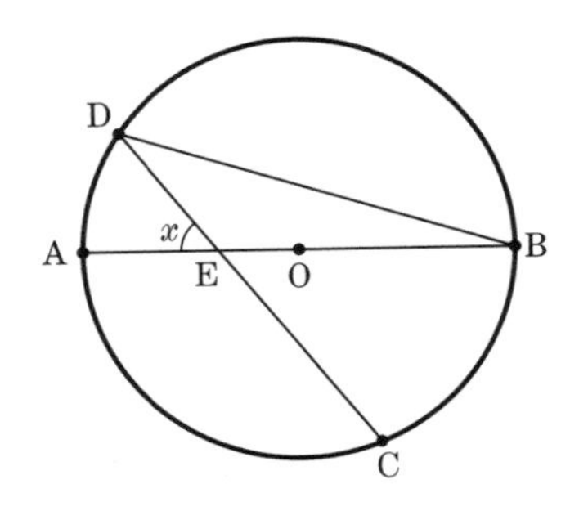

P.64 1 円周角と中心角

6 右の図の四角形ABCDで，∠y の大きさを求めよ。 〈沖縄県〉

P.64 1 円周角と中心角

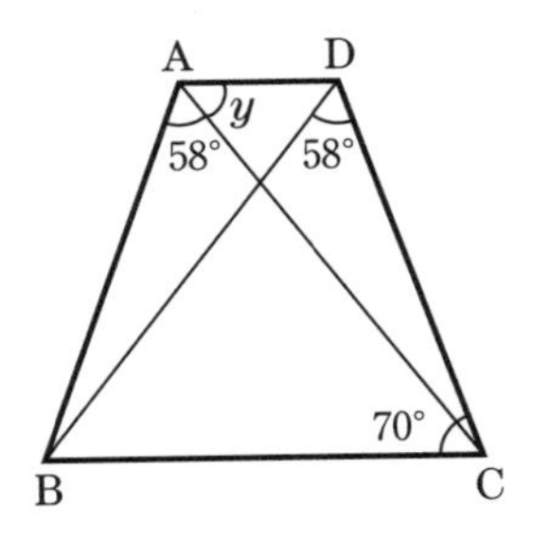

7 右の図のように，点Oを中心とする円Oの円周上に2点A，Bをとり，A，Bを通る円Oの接線をそれぞれℓ，mとする。直線ℓとmとが点Pで交わるとき，次の問いに答えよ。 〈埼玉県〉

➡ P.64 2 円と接線

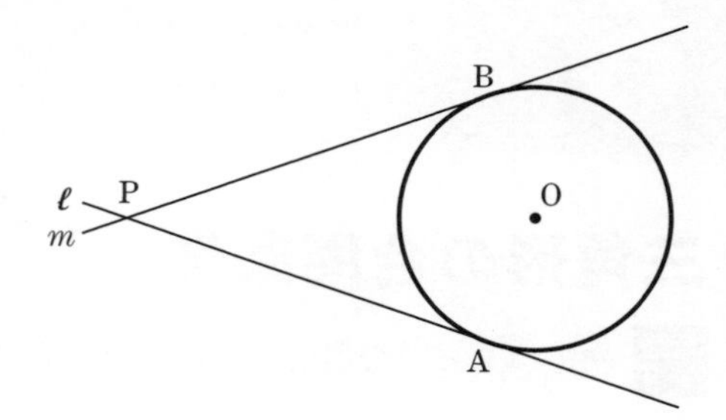

(1) PA＝PBであることを証明せよ。

(2) 右の図のように，直線ℓ，mに接し，円Oに点Qで接する円の中心をRとする。また，点Qを通る円Oと円Rの共通の接線をnとし，ℓとnとの交点をCとする。円Oの半径が5cm，円Rの半径が3cmであるとき，線分PCの長さを求めよ。

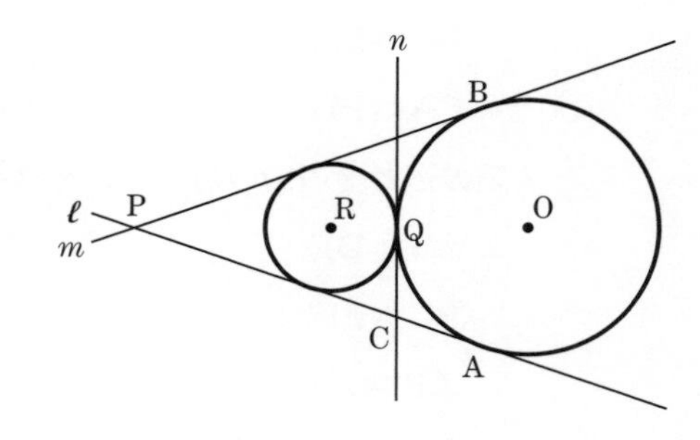

8 右の図で，4点A，B，C，Dは円Oの周上にある。このとき，$\angle x$の大きさを求めよ。 〈京都府〉

➡ P.64 1 円周角と中心角

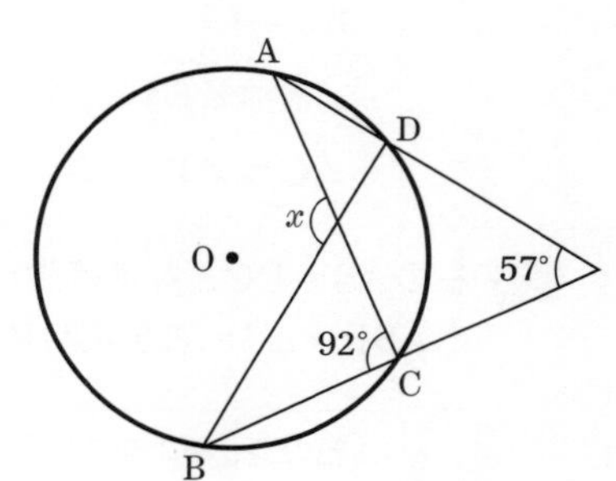

9 右の図のように，長さ2cmの線分ABを直径とする円Oの周上に，$\overset{\frown}{AB}$を3等分する点をとり，Aに近い方からC，Dとする。また，点Bを接点とする円Oの接線と直線AC，直線ADとの交点をそれぞれE，Fとする。このとき，次の問いに答えよ。 〈佐賀県〉

➡ P.64 1 円周角と中心角，2 円と接線

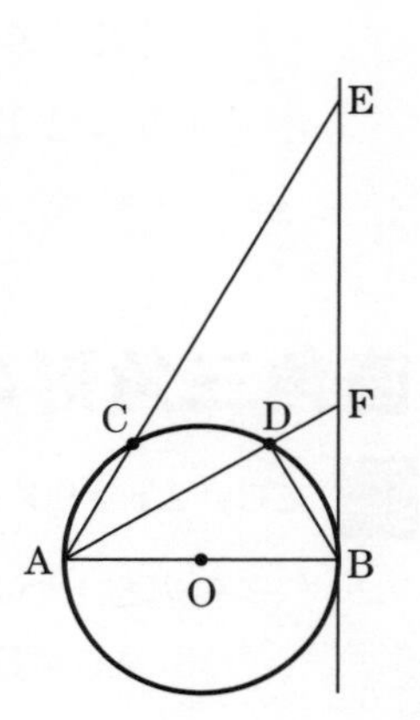

(1) ∠BODの大きさを求めよ。

(2) BFの長さを求めよ。

(3) △ABF∽△EBAであることを証明せよ。

三角形の合同

1 三角形の合同条件

次の①～③の場合に三角形は合同である。

① 3 組の辺がそれぞれ等しい。

$\begin{cases} AB=DE \\ BC=EF \\ CA=FD \end{cases}$

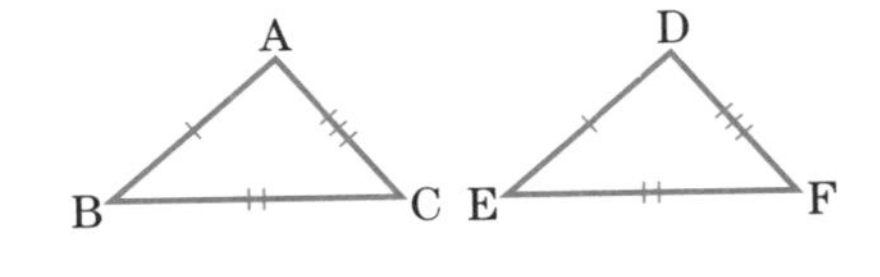

② 2 組の辺とその間の角がそれぞれ等しい。

$\begin{cases} AB=DE \\ BC=EF \\ \angle B=\angle E \end{cases}$

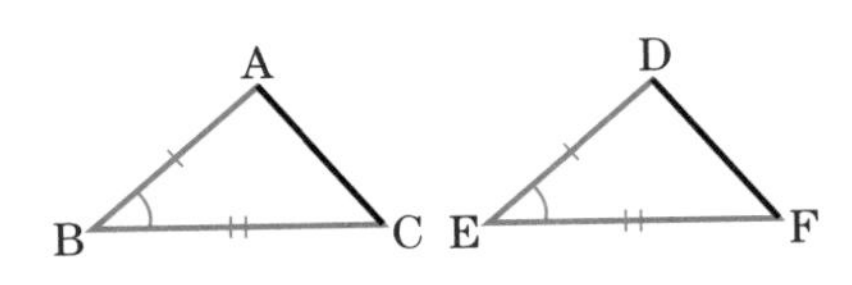

③ 1 組の辺とその両端の角がそれぞれ等しい。

$\begin{cases} BC=EF \\ \angle B=\angle E \\ \angle C=\angle F \end{cases}$

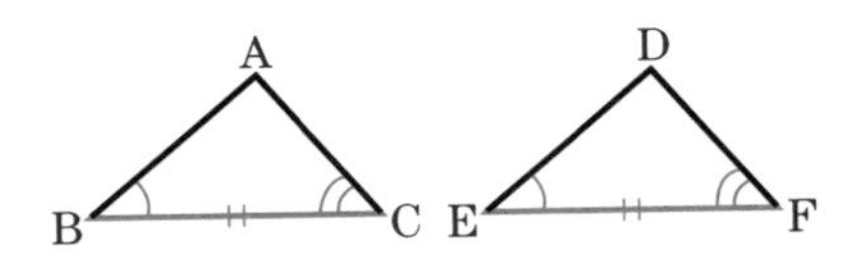

例題 右のAB＝DCとなる等脚台形ABCDについて，Eは辺BCの中点である。△ABE≡△DCEを証明せよ。

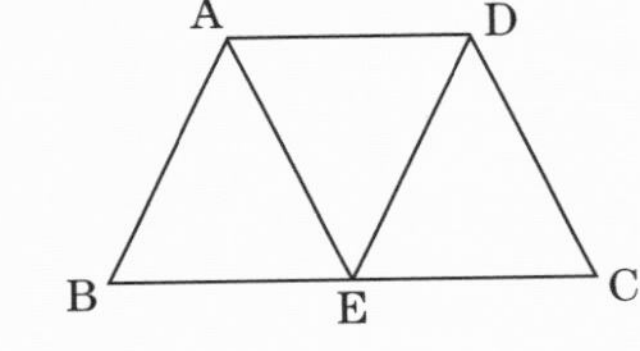

「2 組の辺とその間の角がそれぞれ等しい」の条件を使う。

答 △ABE と△DCE において，

仮定より AB＝DC …①，∠ABE＝∠DCE …②

E は辺 BC の中点より BE＝CE …③

①，②，③より **2 組の辺とその間の角がそれぞれ等しい**ので，△ABE≡△DCE

2 直角三角形の合同条件

入試 POINT ∠C＝∠F＝90° の直角三角形では，1に加えて，次の①，②の場合も合同である。

① 斜辺と 1 つの鋭角がそれぞれ等しい。

$\begin{cases} AB=DE \\ \angle B=\angle E \end{cases}$

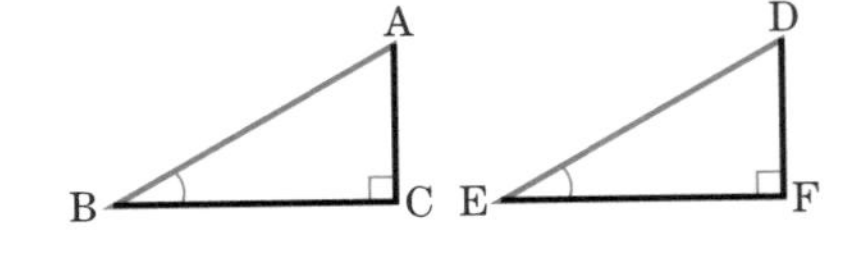

② 斜辺と他の 1 辺がそれぞれ等しい。

$\begin{cases} AB=DE \\ BC=EF \end{cases}$

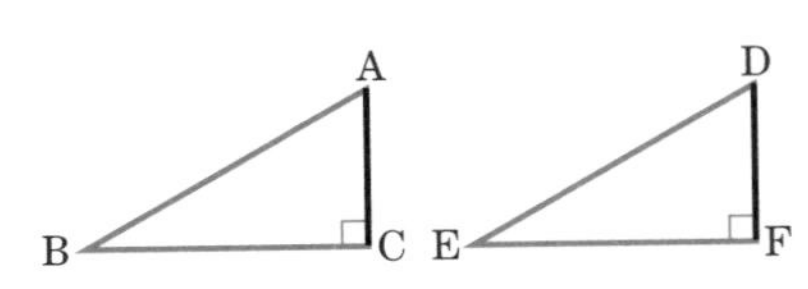

入試問題で実力チェック！

よくでる。 **1** 右の図のように，平行四辺形ABCDの辺AD上にAB＝AEとなる点Eをとり，BAの延長上にAD＝BFとなる点Fをとる。AとF，EとF，CとEをそれぞれ結ぶ。△AEF≡△DCEであることを証明する。次の証明の続きを書き，証明を完成させよ。

〈岐阜県〉

➡ P.68 1 三角形の合同条件

証明　△AEFと△DCEで，
　仮定から，　BF＝AD　…①
　　　　　　　AB＝AE　…②
　①，②から，AF＝DE　…③

2 右の図で，△ABCはAB＝ACの二等辺三角形である。辺AB，ACの中点をそれぞれD，Eとし，線分BEとCDの交点をFとする。このとき，右の図の中には，△BDFと△CEFのように合同な三角形の組がいくつかある。△BDFと△CEF以外の合同な2つの三角形を1組見つけ，合同であることを証明せよ。〈山梨県〉

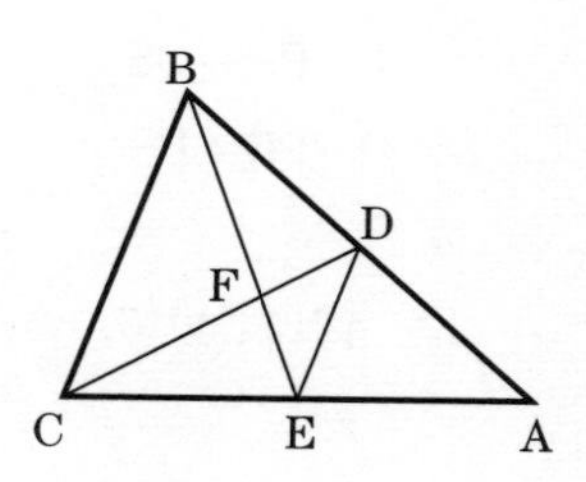

➡ P.68 1 三角形の合同条件

3 右の図において，4点A，B，C，Dは円Oの円周上の点であり，△ACDはAC＝ADの二等辺三角形である。点Cを通りBDに平行な直線と円Oとの交点をEとし，BDとAC，AEとの交点をそれぞれF，Gとする。このとき，△ABC≡△AGDであることを証明せよ。〈静岡県〉

➡ P.68 1 三角形の合同条件

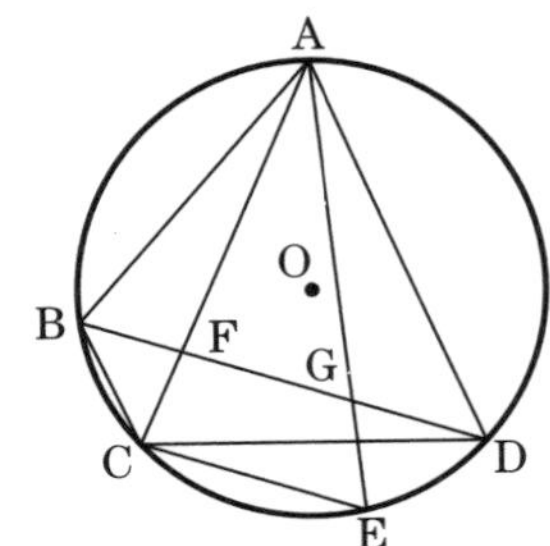

4 右の図のように，長方形ABCDがあり，辺AB上に点Pを，辺CD上に点Rを，AP=CRとなるようにとる。さらに，辺BC上に点Qを，辺AD上に点Sを，四角形PQRSが平行四辺形となるようにとる。このとき，次の問いに答えよ。〈長崎県・一部抜粋〉

➡ P.68 2 直角三角形の合同条件

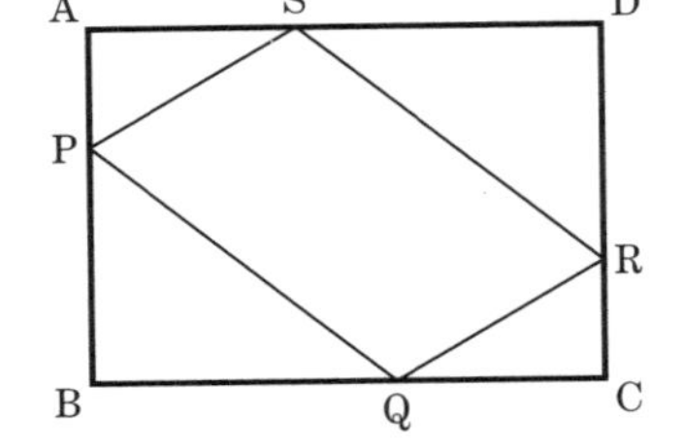

(1) 図の平行四辺形PQRSは，どのような条件が加わるとひし形になるか。次の①～④の中から1つ選び，その番号を書け。

① ∠P＝∠Q

② PQ⊥PS

③ PR＝QS

④ PQ＝PS

(2) 図において，△APS≡△CRQであることを証明せよ。

5 右の図のように，△ABC があり，直線 ℓ は点 B を通り辺 AC に平行な直線である。また，∠BAC の二等分線と辺 BC，ℓ との交点をそれぞれ D，E とする。AC＝BE であるとき，△ABD≡△ACD となることを証明せよ。 〈福島県〉

➡ P.68 1 三角形の合同条件

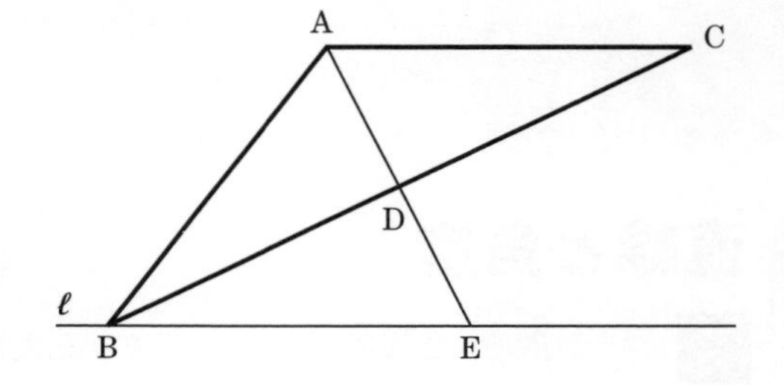

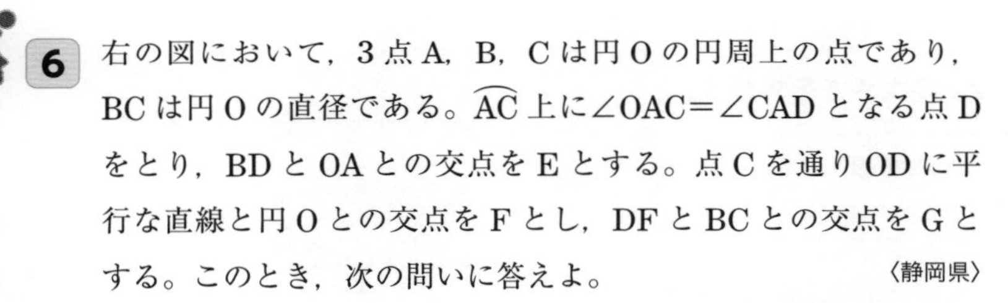

6 右の図において，3 点 A，B，C は円 O の円周上の点であり，BC は円 O の直径である。$\overset{\frown}{AC}$ 上に∠OAC＝∠CAD となる点 D をとり，BD と OA との交点を E とする。点 C を通り OD に平行な直線と円 O との交点を F とし，DF と BC との交点を G とする。このとき，次の問いに答えよ。 〈静岡県〉

➡ P.68 1 三角形の合同条件

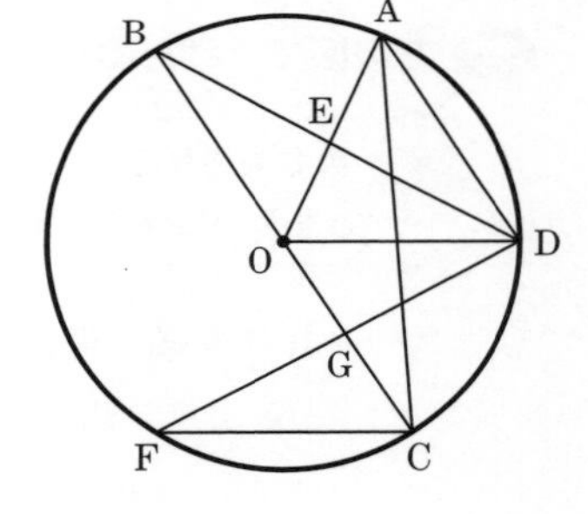

(1) △BOE≡△DOG であることを証明せよ。

(2) ∠BGF＝72°，円 O の半径が 6cm のとき，小さい方の $\overset{\frown}{AD}$ の長さを求めよ。ただし，円周率は π とする。

角度

出題率 39.2%

1 直線と角度

入試POINT ① **対頂角**…2 直線が交わってできる大きさの等しい角。

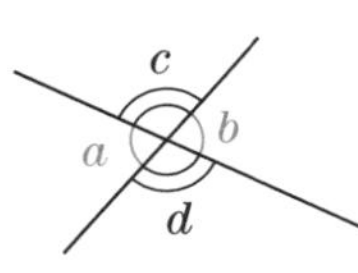

$\angle a = \angle b$，$\angle c = \angle d$

② **同位角，錯角**…平行な 2 直線に 1 本の直線が交わるとき，同位角，錯角はそれぞれ等しくなる。

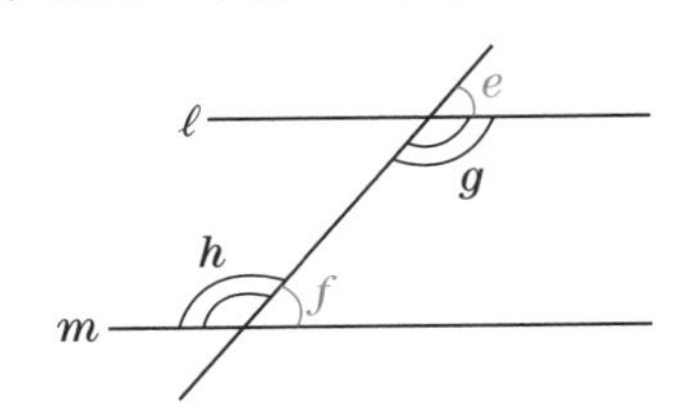

$\ell /\!/ m$ のとき
$\angle e = \angle f$…同位角
$\angle g = \angle h$…錯角

例題 右の図で，$\ell /\!/ m$のとき，$\angle x$の大きさを求めよ。

ココがカギ 点 B を通り直線 ℓ，m に平行な直線をひき，x を 2 つに分けて錯角を用いる。

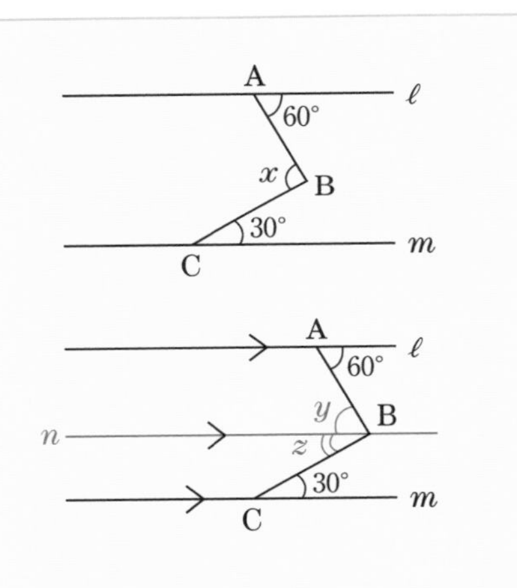

解き方 点 B を通り直線 ℓ，m に平行な直線 n をひく。

$\ell /\!/ n$ より，錯角は等しいから，

$\angle y = 60°$

$m /\!/ n$ より，錯角は等しいから，

$\angle z = 30°$

$\angle x = 60° + 30° = 90°$  答 90°

2 多角形の内角と外角

入試POINT ① n 角形の内角の和は，$180° \times (n-2)$

② 多角形の外角の和は，$360°$

例題 正五角形の 1 つの内角の大きさを求めよ。

ココがカギ $180° \times (5-2)$ で内角の和を求め，5 でわればよい。

解き方 正五角形の内角の和は，$180° \times (5-2) = 180° \times 3 = 540°$

内角はすべて等しいことから，$540° \div 5 = 108°$ 答 108°

入試問題で実力チェック！

正答率 85.9%

1 右の図において，2直線ℓ，mは平行である。このとき，$\angle x$の大きさを求めよ。 〈神奈川県〉

→ P.72 1 直線と角度，2 多角形の内角と外角

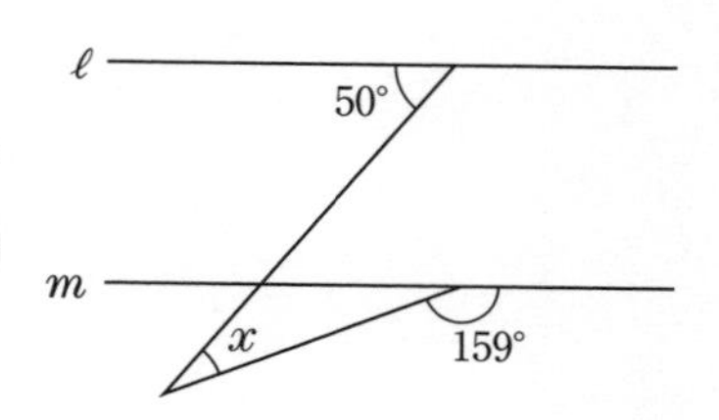

2 右の図で，△ABCは正三角形であり，$\ell /\!/ m$である。このとき，$\angle x$の大きさを求めよ。 〈福島県〉

→ P.72 1 直線と角度，2 多角形の内角と外角

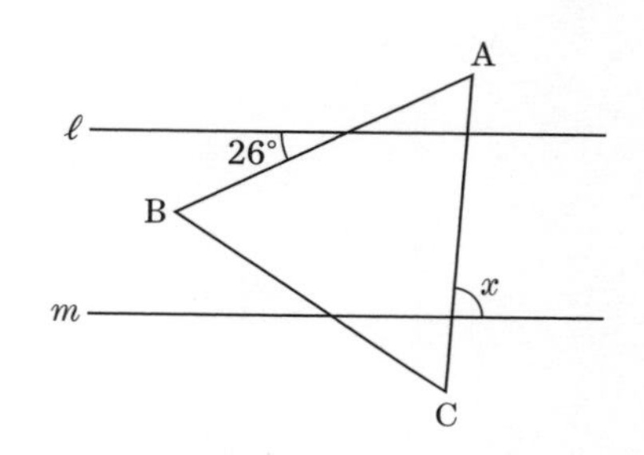

正答率 73.6%

3 右の図のように，△ABCの辺BCを延長してCDとし，辺CAを延長してAEとする。∠ABC＝41°，∠ACD＝124°のとき，∠BAEの大きさは何度か。 〈広島県〉

→ P.72 2 多角形の内角と外角

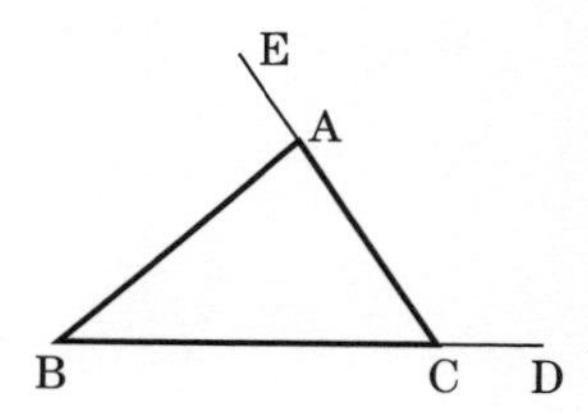

正答率 87.1%

4 右の図で，$\angle x$の大きさは何度か，求めよ。 〈兵庫県〉

→ P.72 2 多角形の内角と外角

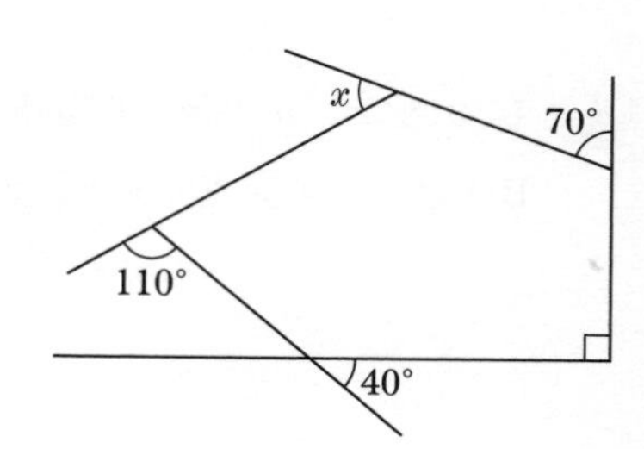

5 右の図のように，$\angle B=90°$ である直角三角形ABCがある。DA=DB=BCとなるような点Dが辺AC上にあるとき，$\angle x$ の大きさを求めよ。〈富山県〉

➡ P.72 2 多角形の内角と外角

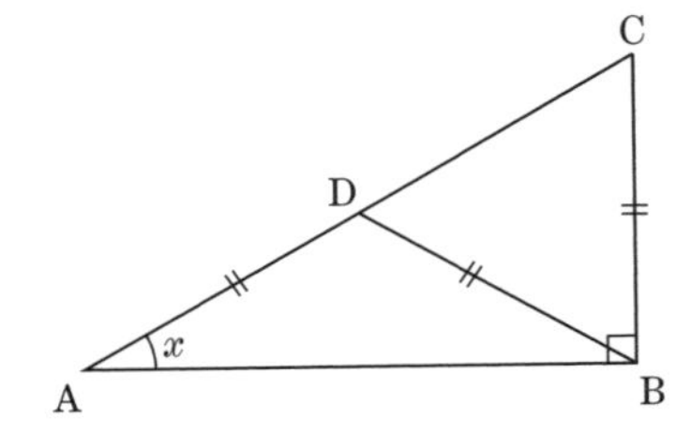

6 右の図で2直線 ℓ，m は平行である。このとき，$\angle x$ の大きさを求めよ。〈茨城県〉

➡ P.72 1 直線と角度

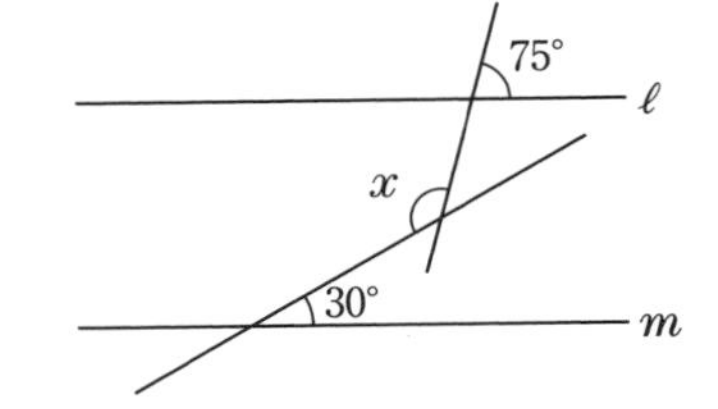

7 右の図で，四角形ABCDは平行四辺形である。EF//ADのとき，$\angle x$ の大きさを求めよ。〈岩手県〉

➡ P.72 1 直線と角度

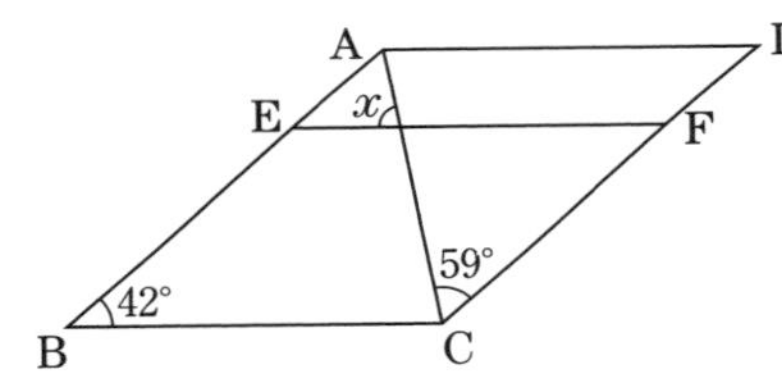

正答率 60.0%

8 右の図で，五角形ABCDEは正五角形であり，点Fは対角線BDとCEの交点である。x の値を求めよ。〈岐阜県〉

➡ P.72 2 多角形の内角と外角

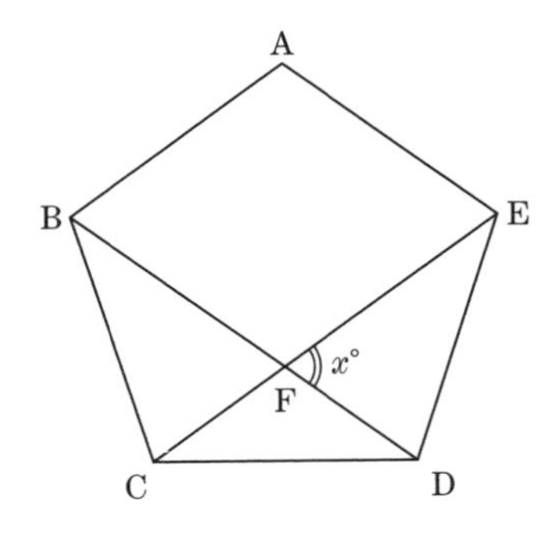

答率 0%

9 右の図で，$\angle x$ の大きさを求めよ。〈埼玉県〉

P.72 2 多角形の内角と外角

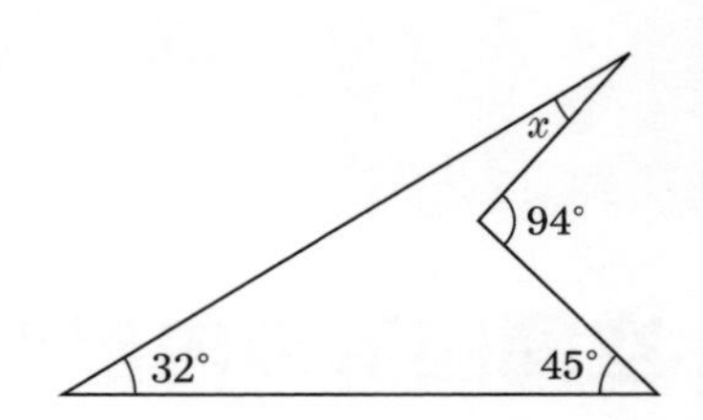

10 右の図で，$\angle x$ の大きさを求めよ。〈宮崎県〉

P.72 2 多角形の内角と外角

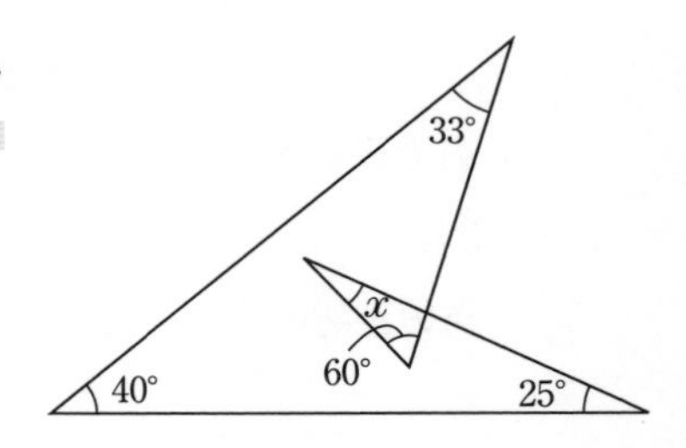

答率 5%

11 右の図において，△ABC は，AB＝AC＝7cm，BC＝12cm の二等辺三角形である。D は，辺 BC 上にあって B，C と異なる点である。A と D とを結ぶ。△ADC の内角∠ADC の大きさを $a°$，内角∠ACD の大きさを $b°$ とするとき，△ABD の内角∠BAD の大きさを a，b を用いて表せ。

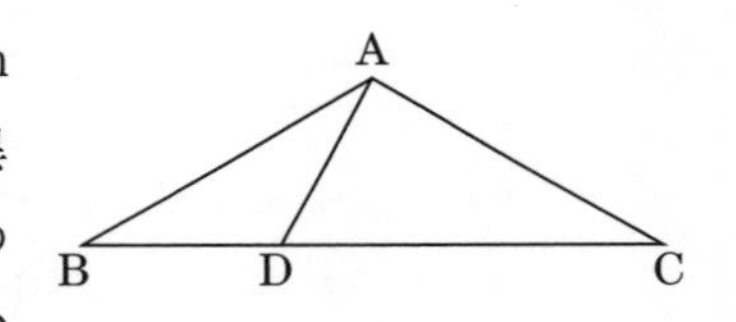

〈大阪府・一部抜粋〉

P.72 2 多角形の内角と外角

12 右の図で，△ABC は AB＝AC，∠BAC が鋭角の二等辺三角形である。点 P は，辺 BC 上にある点で，頂点 B，頂点 C のいずれにも一致しない。
頂点 A と点 P を結び，線分 AP を P の方向に延ばした直線と，頂点 B を通り辺 AC に平行な直線との交点を Q とする。
図において，∠BAC=70°，△ABP の内角である∠BAP の大きさを $a°$ とするとき，△BQP の内角である∠BPQ の大きさを a を用いた式で表せ。

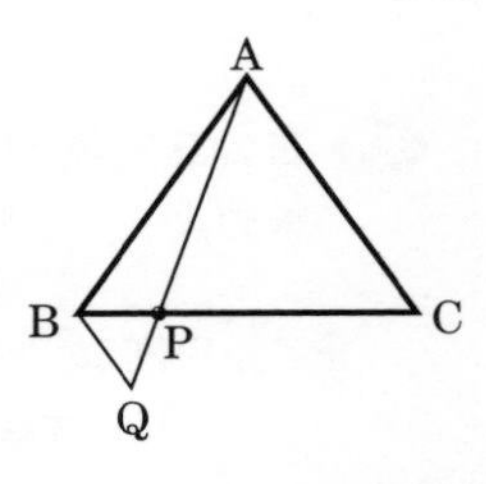

〈東京都〉

P.72 2 多角形の内角と外角

図形編
でる順 8 位

空間図形の線分の長さ

出題率 34.6%

1 空間図形の内部の距離

① 3 辺の長さが，a，b，c である直方体の対角線の長さ AC は，

$AC=\sqrt{BC^2+AB^2}=\sqrt{(a^2+b^2)+c^2}$

$=\sqrt{a^2+b^2+c^2}$

1 辺の長さが a の立方体の対角線の長さは，$\sqrt{3}a$

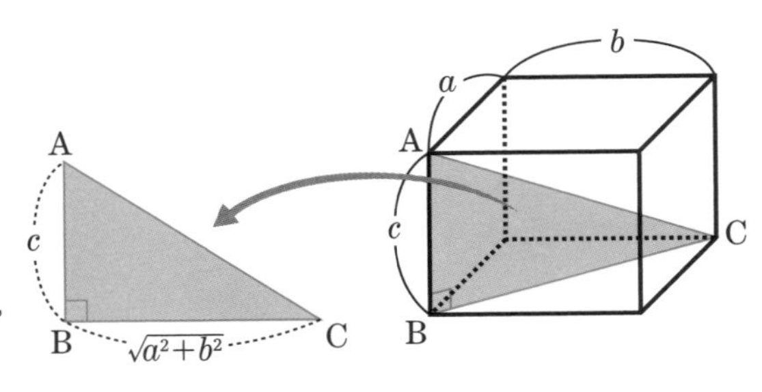

② 2 点の距離の場合，対角線と同様に直角三角形を利用して求める。

例題 右の立方体ABCD−EFGHで，1 辺の長さは 4cm，点Iは辺GHの中点である。AIの長さを求めよ。

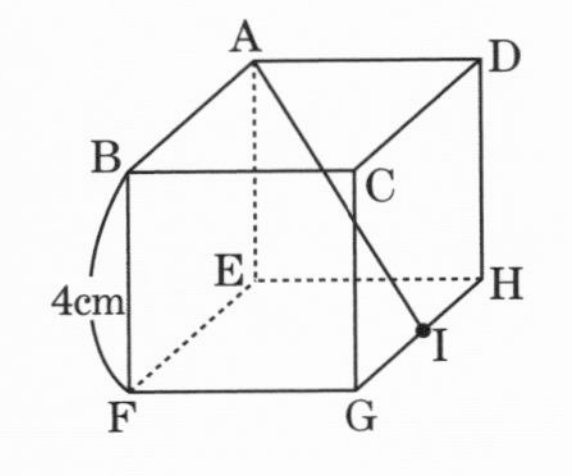

ココがカギ △AEI をぬきだして，三平方の定理を用いる。

解き方 $EI^2=EH^2+HI^2=4^2+2^2=16+4=20$，AE=4cm より，

$AI=\sqrt{EI^2+AE^2}=\sqrt{20+4^2}=\sqrt{20+16}=\sqrt{36}=6$(cm)

答 6cm

2 空間図形の表面の最短距離

① 通る点を含む面をつなげた展開図で考えて，点どうしを結んだ線分の長さが最短距離になる。

例題 右の立方体ABCD−EFGHの表面で，点Aと点Gを結ぶ最短距離を求めよ。

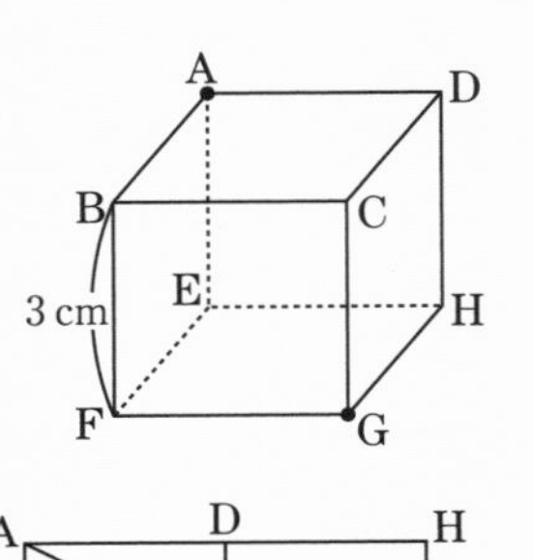

ココがカギ 展開図のうち，面 ABCD，面 CDHG をつなげてできた長方形 ABGH で線分 AG の長さを求める。

解き方 展開図のうち，右の 2 面をつなげた長方形 ABGH について，

AB=3cm，BG=6cm

よって，$AG=\sqrt{3^2+6^2}=\sqrt{9+36}=\sqrt{45}=3\sqrt{5}$(cm)

答 $3\sqrt{5}$ cm

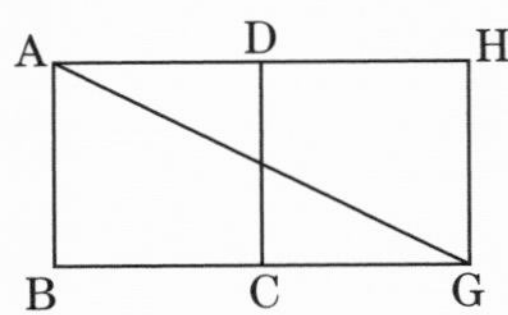

入試問題で実力チェック！

よくでる **1** 右の図のような，1 辺の長さが 4cm の立方体がある。この立方体の対角線 BH の長さを求めよ。

〈福島県〉

➡ P.76 **1** 空間図形の内部の距離

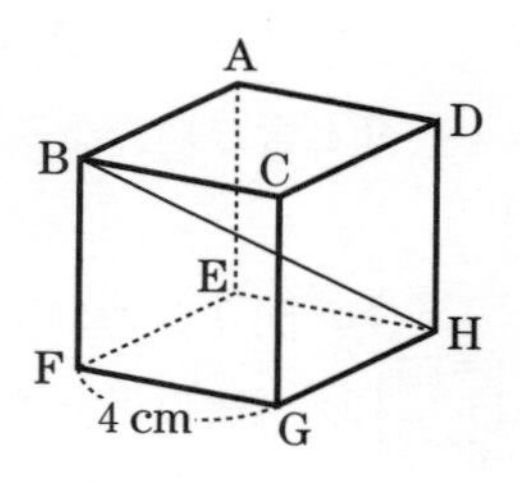

よくでる **2** 右の図のような，AD＝4cm，AE＝3cm，AG＝7cm の直方体 ABCD－EFGH がある。このとき，AB の長さを求めよ。

〈栃木県〉

➡ P.76 **1** 空間図形の内部の距離

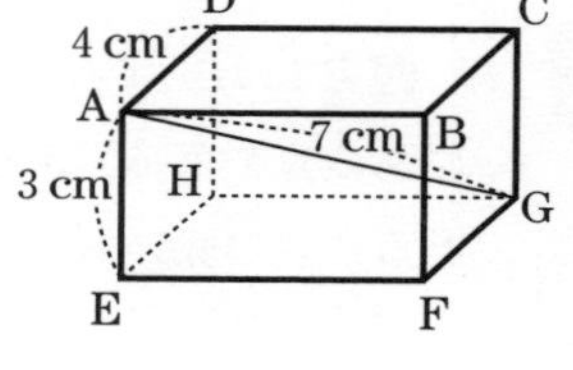

3 右の図のような，底面が DE＝EF＝6cm の直角二等辺三角形で，高さが 9cm の三角柱がある。辺 AC の中点を M とする。

〈福島県〉

➡ P.76 **1** 空間図形の内部の距離

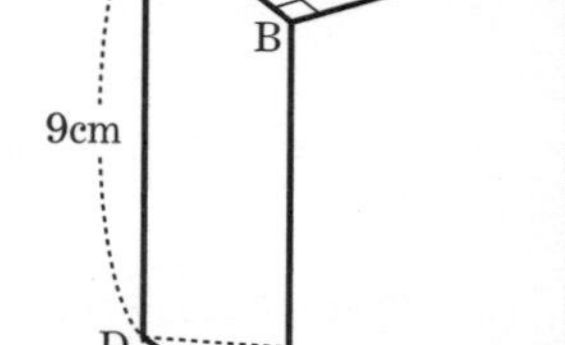

正答率 61.7%　(1)　線分 BM の長さを求めよ。

(2)　辺 BE 上に，△APC の面積が 30cm² となるように点 P をとる。

正答率 28.9%　①　線分 PM の長さを求めよ。

②　3 点 A，C，P を通る平面と点 B との距離を求めよ。

4 図１，図２において，立体 ABCDE－FGHIJ は五角柱である。四角形 AFGB，AEJF，EJID は長方形であり，四角形 BGHC，CDIH は正方形である。BC＝CD＝5cm，ED＝10cm，AE＝3cm，∠BCD＝∠CDE＝∠DEA＝90° である。次の問いに答えよ。答えが根号を含む形になる場合は，その形のままでよい。 〈大阪府〉

➡ P.76 1 空間図形の内部の距離

図１

(1) 図１において，

① 次の**ア**～**オ**のうち，面 CDIH と垂直な辺はどれか。すべて選び，記号を書け。

ア 辺 BC　　**イ** 辺 BG　　**ウ** 辺 FG
エ 辺 FJ　　**オ** 辺 JI

② 長方形 AFGB の面積を求めよ。

正答率 24.8%

(2) 図２において，K は，直線 CD 上にあって C について D と反対側にある点である。J と K とを結んでできる線分 JK の長さが 14cm であるときの線分 KC の長さを求めよ。求め方も書くこと。

図２

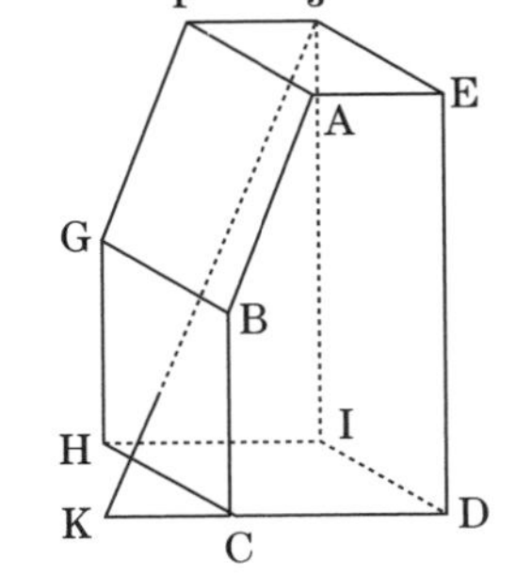

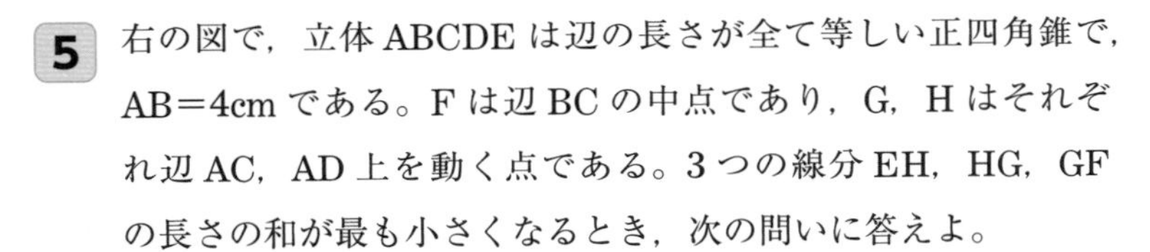

5 右の図で，立体 ABCDE は辺の長さが全て等しい正四角錐で，AB＝4cm である。F は辺 BC の中点であり，G，H はそれぞれ辺 AC，AD 上を動く点である。3 つの線分 EH，HG，GF の長さの和が最も小さくなるとき，次の問いに答えよ。

〈愛知県〉

➡ P.76 2 空間図形の表面の最短距離

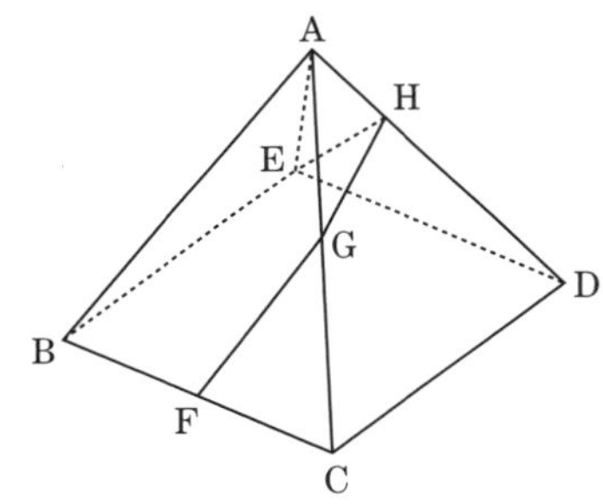

(1) 線分 AG の長さは何 cm か，求めよ。

思考力

(2) 3 つの線分 EH，HG，GF の長さの和は何 cm か，求めよ。

6 図１の立体は，△ABC を１つの底面とする三角柱である。この三角柱において，∠ACB＝90°，AC＝BC，AB＝12cm，AD＝3cm であり，側面はすべて長方形である。また，点 P は，点 E を出発し，毎秒 1cm の速さで３辺 ED，DA，AB 上を，点 D，A を通って点 B まで移動する。このとき，次の問いに答えよ。

〈静岡県〉

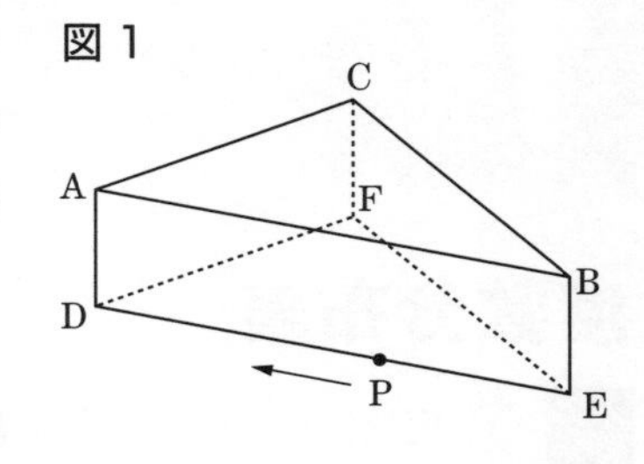

➡ P.76 1 空間図形の内部の距離，2 空間図形の表面の最短距離

(1) 点 P が辺 ED 上にあり，△ADP の面積が 6cm^2 となるのは，点 P が点 E を出発してから何秒後か，答えよ。

(2) 点 P が点 E を出発してから 14 秒後のとき，△APE を，辺 AP を軸として１回転させてできる立体の体積を求めよ。ただし，円周率は π とする。

(3) この三角柱において，図２のように点 P が辺 AB 上にあり，CP＋PD が最小となるときの，線分 PF の長さを求めよ。

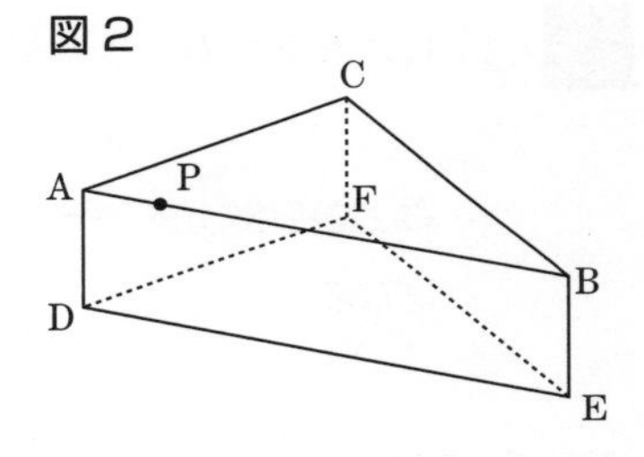

7 右の図のように，１辺が 4cm の正三角形 ABC を底面とし，OA＝OB＝OC＝8cm とする正三角錐 O－ABC がある。辺 OB 上に点 P をとる。このとき，次の問いに答えよ。

〈茨城県〉

➡ P.76 1 空間図形の内部の距離，2 空間図形の表面の最短距離

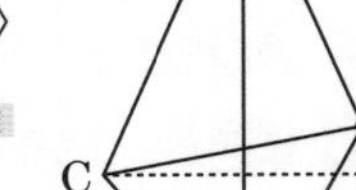

(1) △OAC の面積を求めよ。

(2) AP＋PC の長さを最も短くしたとき，４点 P，A，B，C を頂点とする立体の体積を求めよ。

データの活用

出題率 93.5%

1 度数分布表

入試POINT ① 度数分布表…データを右の表のように整理したもの。

② 階級…1 つ 1 つの区間。

③ 階級の幅…区間の幅。

④ 度数…それぞれの階級に入るデータの個数。

⑤ 相対度数…各階級の度数の，全体に対する割合。

⑥ 階級値…それぞれの階級の中央の値。

ハンドボール投げの記録

階級(m)	度数(人)	相対度数
以上　未満		
10 ～ 15	1	0.05
15 ～ 20	3	0.15
20 ～ 25	8	0.40
25 ～ 30	6	0.30
30 ～ 35	2	0.10
計	20	1.00

2 ヒストグラム

入試POINT ① ヒストグラム…各階級の度数の分布のようすを柱状のグラフで表したもの。

右上の度数分布表をヒストグラムで表すと，右の図のようになる。

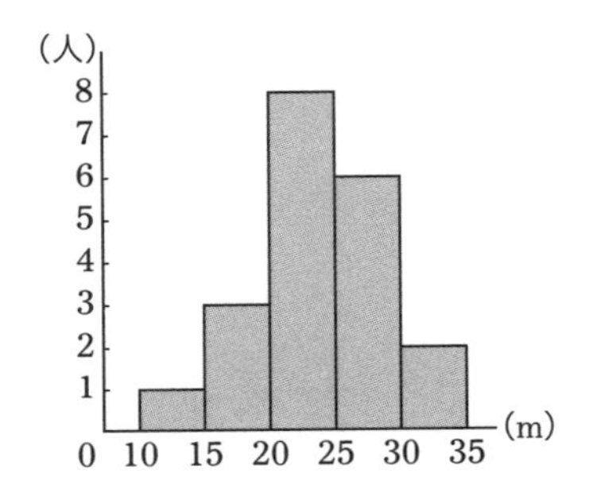

3 代表値

入試POINT ① 平均値…個々のデータの値の合計をデータの総数でわったもの。

② 中央値(メジアン)…データの値を大きさの順に並べたときの中央の値。

データの値が偶数個の場合は，中央の 2 つの値の平均値。

③ 最頻値(モード)…データの値のうち，度数が最も大きい値または度数が最も大きい階級の階級値。

④ 範囲(レンジ)…最大値から最小値をひいた値。

4 四分位範囲と箱ひげ図

入試POINT ① 四分位数と四分位範囲

①四分位数…データを小さい順に並べて 4 等分したときの，3 つの区切りの値。

四分位数を小さい方から順に，第 1 四分位数，第 2 四分位数(中央値)，第 3 四分位数という。

②四分位範囲…第 3 四分位数から第 1 四分位数をひいた値。

入試POINT ② 箱ひげ図…3 つの四分位数と最大値，最小値を箱と線(ひげ)を用いて表した図。

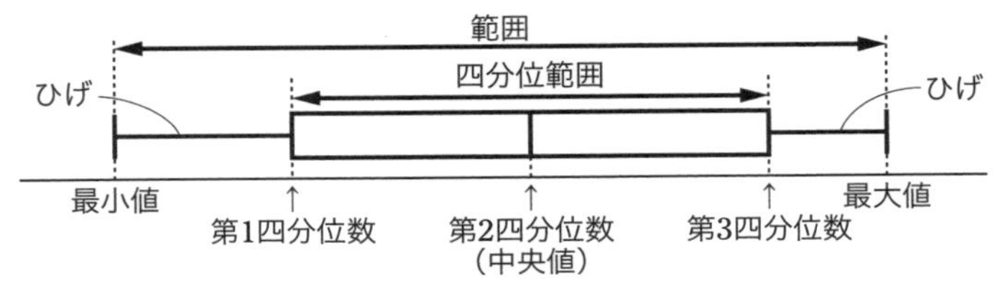

入試問題で実力チェック！

よくでる **1** 右の表は，あるサッカーチームに所属する選手 20 人の年齢について，度数および相対度数をまとめたものである。

ア ～ ウ にあてはまる数をそれぞれ求めよ。

〈京都府〉

➡ P.80 1 度数分布表

年齢(歳)	度数(人)	相対度数
以上　未満		
18 ～ 21	ア	0.35
21 ～ 24	5	0.25
24 ～ 27	2	0.10
27 ～ 30	イ	ウ
30 ～ 33	2	0.10
33 ～ 36	1	0.05
計	20	1.00

2 右の図は，ある中学校の生徒 31 人が，バスケットボールのフリースローを 10 回ずつ行ったとき，シュートが入った回数ごとの人数をグラフに表したものである。シュートが入った回数の中央値を求めよ。 〈東京都〉

➡ P.80 2 ヒストグラム

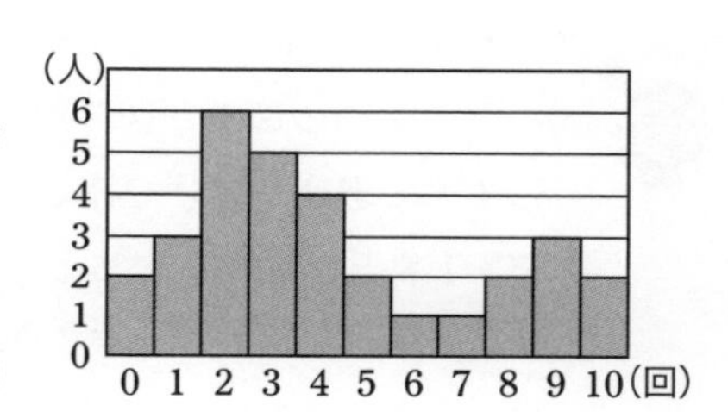

3 下のデータは，A さんの家に設置された太陽光発電システムの，連続した 10 日間の発電量を記録したものである。このとき，発電量の平均値と中央値(メジアン)を求めよ。 〈茨城県〉

➡ P.80 3 代表値

	1 日目	2 日目	3 日目	4 日目	5 日目	6 日目	7 日目	8 日目	9 日目	10 日目
発電量(kWh)	25	24	25	26	25	6	22	24	26	22

正答率 53.1% **4** 次の**ア**～**エ**の中から，箱ひげ図について述べた文として誤っているものを一つ選び，その記号を書け。 〈埼玉県〉

➡ P.80 4 四分位範囲と箱ひげ図

ア　データの中に離れた値がある場合，四分位範囲はその影響を受けにくい。
イ　四分位範囲は第 3 四分位数から第 1 四分位数をひいた値である。
ウ　箱の中央は必ず平均値を表している。
エ　第 2 四分位数と中央値は必ず等しい。

5 ある中学校の3年1組35人と2組35人に，家庭学習にインターネットを利用する平日1日あたりの時間について，調査を行った。**図1**は，それぞれの組の分布のようすを箱ひげ図に表したものである。また，**図2**は，2組のデータを小さい順に並べたものである。このとき，次の問いに答えよ。〈富山県〉

➡ P.80 4 四分位範囲と箱ひげ図

図1

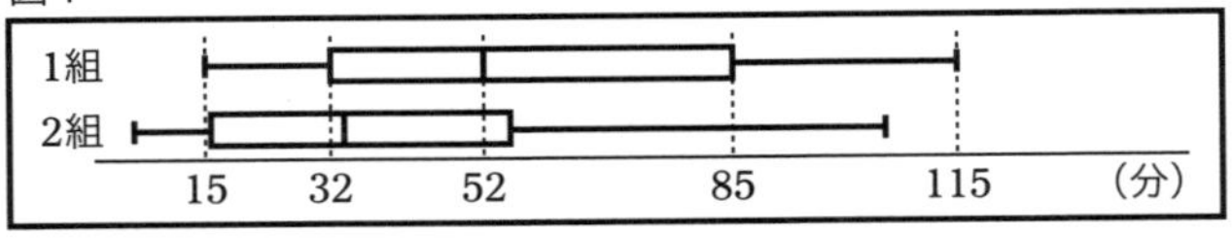

図2

5, 7, 8, 9, 12, 13, 14, 16, 16, 18, 19, 19, 21,
22, 23, 25, 30, 35, 38, 41, 42, 43, 45, 50, 51,
52, 55, 58, 62, 63, 65, 70, 85, 90, 105（分）

(1) 1組の四分位範囲を求めよ。

(2) 2組の第3四分位数を求めよ。

思考力 (3) 上の2つの図1と図2から読みとれることとして，必ず正しいといえるものを次の**ア**～**オ**からすべて選び，記号で答えよ。

ア 1組と2組を比べると，2組のほうが，四分位範囲が大きい。

イ 1組と2組のデータの範囲は等しい。

ウ どちらの組にも利用時間が55分の生徒がいる。

エ 1組には利用時間が33分以下の生徒が9人以上いる。

オ 1組の利用時間の平均値は52分である。

6 右の表は，ある運動部に所属する2，3年生14人の200m走の記録を，度数分布表に整理したものである。14人の記録の平均値は，ちょうど27.5秒だった。このとき，次の問いに答えよ。〈岩手県〉

➡ P.80 1 度数分布表

記録(秒) 以上　未満	度数(人)
25.0 ～ 26.0	3
26.0 ～ 27.0	3
27.0 ～ 28.0	2
28.0 ～ 29.0	4
29.0 ～ 30.0	1
30.0 ～ 31.0	1
合計	14

(1) 2，3年生14人の記録の最頻値を求めよ。

(2) この運動部に，1年生6人が入部した。この6人の200m走の記録は，次のようになった。

1年生の記録(秒)

25.5	27.5	28.1	28.9	30.2	30.8

この運動部の1年生から3年生20人の200m走の記録の平均値を求めよ。

7 和夫さんと紀子さんの通う中学校の3年生の生徒数は，A組35人，B組35人，C組34人である。図書委員の和夫さんと紀子さんは，3年生のすべての生徒について，図書室で1学期に借りた本の冊数の記録を取り，その記録をヒストグラムや箱ひげ図に表すことにした。次の図は，3年生の生徒が1学期に借りた本の冊数の記録を，クラスごとに箱ひげ図に表したものである。次の問いに答えよ。

〈和歌山県・一部抜粋〉

➡ P.80 2 ヒストグラム，4 四分位範囲と箱ひげ図

図

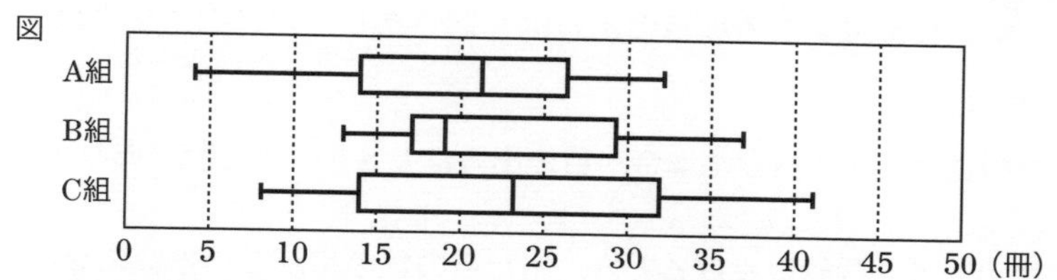

(1) 和夫さんは，図から読みとれることとして，次のように考えた。

和夫さんの考え

（Ⅰ）四分位範囲が最も大きいのはA組である。
（Ⅱ）借りた本の冊数が20冊以下である人数が最も多いのはB組である。
（Ⅲ）どの組にも，借りた本の冊数が30冊以上35冊以下の生徒が必ずいる。

図から読みとれることとして，和夫さんの考え（Ⅰ）～（Ⅲ）はそれぞれ正しいといえるか。次の**ア**～**ウ**の中から最も適切なものを1つずつ選び，その記号を書け。

ア 正しい　　**イ** 正しくない　　**ウ** この資料からはわからない

ハイレベル (2) C組の記録をヒストグラムに表したものとして最も適切なものを，次の**ア**～**エ**の中から1つ選び，その記号をかけ。

ア

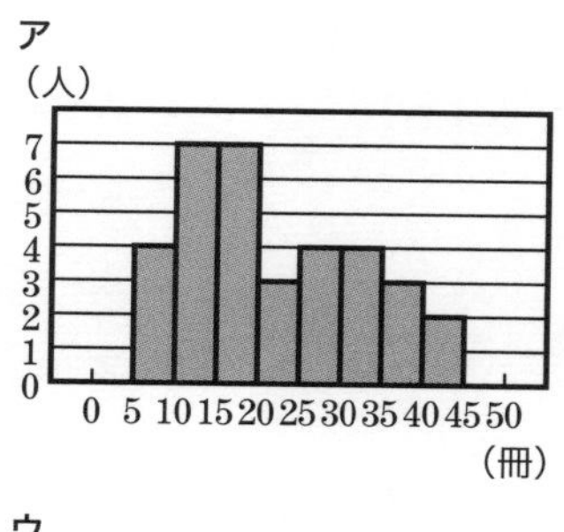

イ

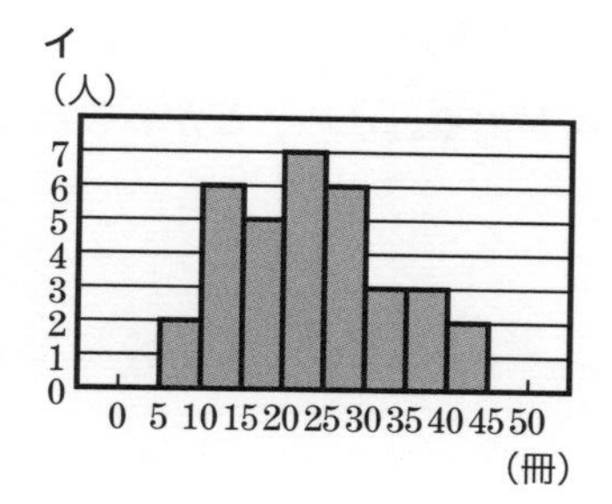

ウ

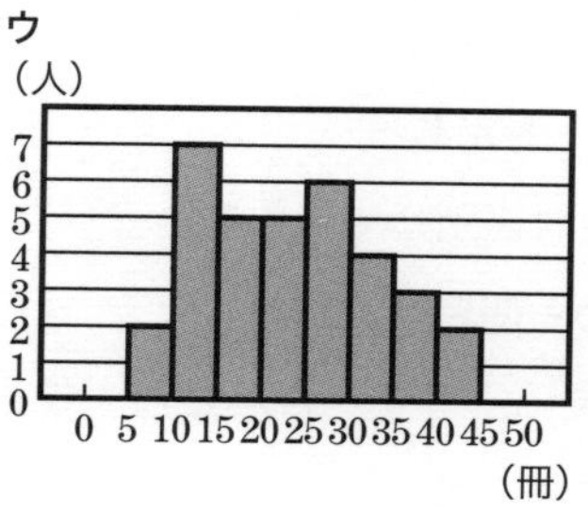

エ

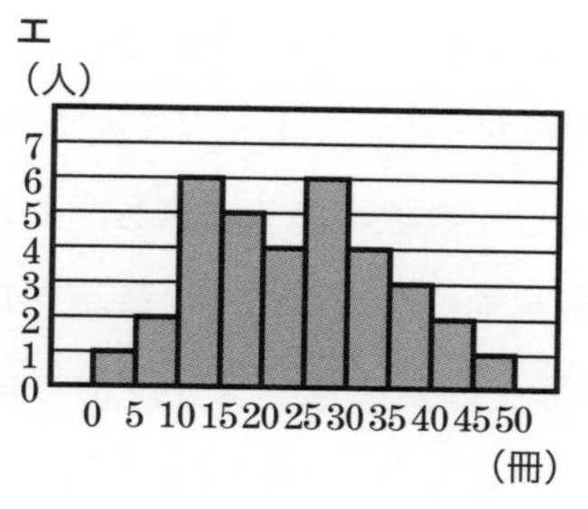

データの活用編

でる順 2 位

確率

出題率 90.2%

1 表や樹形図で調べる確率

入試POINT

① 表で調べる確率

①正確につくられたさいころの目の出方は**6通り**あり，目の出やすさは，いずれも同様に確からしい。

②大小2つのさいころを投げた場合，目の出方は**6×6=36(通り)**あり，表をかいて考える。

例題 大小2つのさいころを同時に投げるとき，出た目の数の和が5の倍数になる確率を求めよ。

ココがカギ　表をかいて考える。

大＼小	1	2	3	4	5	6
1				○		
2			○			
3		○				
4	○					○
5					○	
6				○		

解き方　表から目の数の和が5の倍数になる出方は，(大，小)=(1，4)，(2，3)，(3，2)，(4，1)，(4，6)，(5，5)，(6，4)なので，場合の数は7通り。

さいころの目の出方は，6×6=36(通り)

よって，求める確率は，$\frac{7}{36}$　　答 $\frac{7}{36}$

② 樹形図で調べる確率

①ことがらAの起こる場合の数を順序も考えて数えるとき，**樹形図**をかいて考える。

②複数の硬貨を投げる場合，**樹形図**をかいて考える。

→硬貨を投げると表か裏が出る。このことがらの起こりやすさは同様に確からしい。

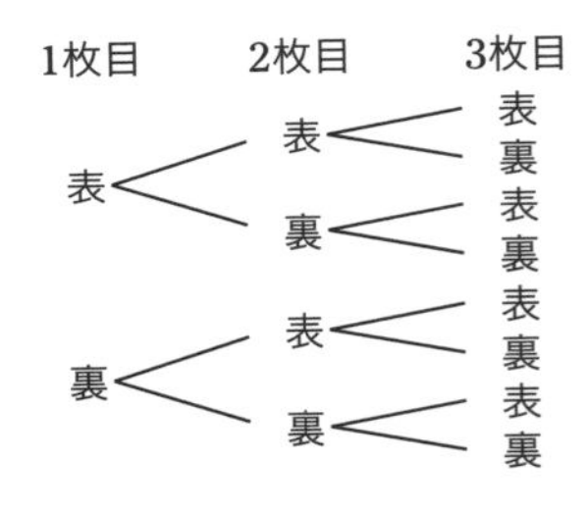

2 いろいろな確率

① じゃんけんの確率：それぞれの人について3通りの出し方がある。

② トランプの確率：4種類の各マークに対して13枚ずつカードがある。

③ くじ引きの確率：あたりくじが複数本ある場合も，それぞれ区別して考える。

④ 図形と確率：平面図形の周を動く点についての確率を求める問題などがある。

⑤ 座標平面と確率：座標平面上の点の座標を(a, b)とおき，a，bと，さいころを投げたときの出た目の数を対応させて，ことがらの確率を求める問題がある。

入試問題で実力チェック！

1 2つのさいころを同時に投げるとき，出る目の数の積が6の倍数になる確率を求めよ。〈愛知県〉

➡ P.84 1 表や樹形図で調べる確率

2 大小2つのさいころを同時に投げるとき，大きいさいころの出る目の数をa，小さいさいころの出る目の数をbとする。$a-b$の値が正の数になる確率を求めよ。〈栃木県〉

➡ P.84 1 表や樹形図で調べる確率

3 3枚の硬貨を同時に投げるとき，2枚は表で1枚は裏となる確率を求めよ。ただし，それぞれの硬貨の表裏の出方は同様に確からしいものとする。〈京都府〉

➡ P.84 1 表や樹形図で調べる確率

4 500円，100円，50円の硬貨が1枚ずつある。この3枚を同時に1回投げる。ただし，3枚の硬貨のそれぞれについて，表と裏の出方は同様に確からしいものとする。このとき，次の問いに答えよ。〈大分県〉

➡ P.84 1 表や樹形図で調べる確率

(1) 表と裏の出方は，全部で何通りあるか求めよ。

(2) 表が出た硬貨の合計金額が，500円以下になる確率を求めよ。

5 右の図のように，1，2，3，4，5の数字を1つずつ書いた5枚のカードがある。この5枚のカードの中から2枚を同時に取り出すとき，その2枚のカードの数字の和が偶数になる取り出し方は何通りあるか，求めよ。

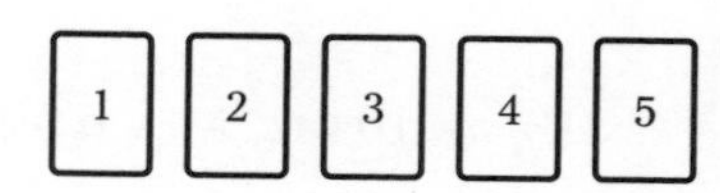

〈北海道〉

➡ P.84 1 表や樹形図で調べる確率

よくでる　**6**　3，4，5，6，7 の数字が書かれたカードが 1 枚ずつある。この 5 枚のカードから同時に 2 枚のカードを引くとき，2 枚のカードの数字の積が 2 の倍数でなく，3 の倍数でもない確率を求めよ。ただし，どのカードを引くことも同様に確からしいとする。

正答率 60.7%

〈滋賀県〉

➡ P.84 1 表や樹形図で調べる確率

7　トランプのスペードのカードが 1 枚，ハート，ダイヤのカードがそれぞれ 2 枚ずつある。この 5 枚のカードをよくきってから，2 枚のカードを同時に取り出すとき，1 枚はハートのカードで 1 枚はダイヤのカードとなる確率を求めよ。

〈新潟県〉

➡ P.84 2 いろいろな確率

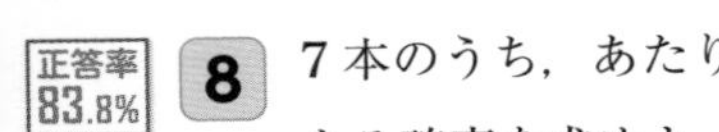

正答率 83.8%　**8**　7 本のうち，あたりが 3 本入っているくじがある。このくじから 1 本引くとき，それがあたりである確率を求めよ。

〈北海道〉

➡ P.84 2 いろいろな確率

9　A，B，C の 3 人の女子と，D，E の 2 人の男子がいる。この 5 人の中から，くじ引きで 2 人を選ぶとき，女子 1 人，男子 1 人が選ばれる確率を求めよ。

〈岩手県〉

➡ P.84 2 いろいろな確率

10　右の図のように，1 から n までの自然数が順に 1 つずつ書かれた n 枚のカードがある。このカードをよくきって 1 枚取り出すとき，取り出したカードに書かれた自然数を a とする。このとき，次の問いに答えよ。

1　2　3　4　5　6　……

〈三重県〉

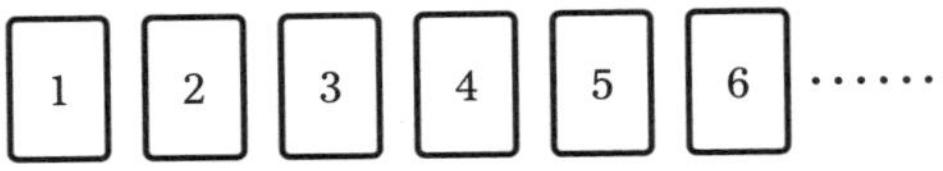

➡ P.84 2 いろいろな確率

(1)　$n=10$ のとき，$\sqrt{a}$ が自然数となる確率を求めよ。

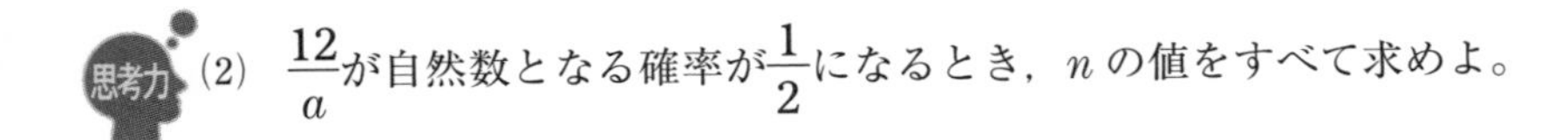

思考力　(2)　$\dfrac{12}{a}$ が自然数となる確率が $\dfrac{1}{2}$ になるとき，n の値をすべて求めよ。

11 右の図のように，数字 1，2 を書いたカードがそれぞれ 2 枚ずつ，数字 3 を書いたカードが 1 枚ある。この 5 枚のカードをよくきって，1 枚ずつ 2 回続けて取り出す。1 回目に取り出したカードに書かれている数を a，2 回目に取り出したカードに書かれている数を b とする。このとき，点$(a,\ b)$が $y=\dfrac{2}{x}$ のグラフ上の点である確率を求めよ。ただし，取り出したカードはもとにもどさないものとする。〈愛知県〉

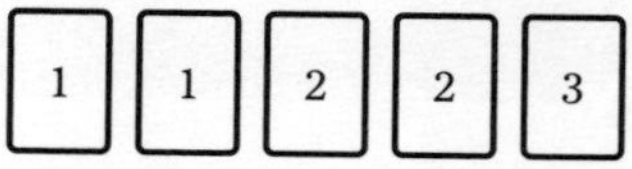

1	1	2	2	3

➡ P.84 2 いろいろな確率

12 大小 2 つのさいころを同時に 1 回投げる。ただし，それぞれのさいころの目は 1 から 6 までであり，どの目が出ることも同様に確からしいとする。このとき，次の問いに答えよ。〈長崎県〉

➡ P.84 2 いろいろな確率

(1) 大小 2 つのさいころの出る目の数が同じになる確率を求めよ。

(2) 右の図のような正六角形 ABCDEF がある。大小 2 つのさいころを同時に投げ，1 の目が出たら点 A，2 の目が出たら点 B，3 の目が出たら点 C，4 の目が出たら点 D，5 の目が出たら点 E，6 の目が出たら点 F をそれぞれ選ぶ。選んだ 2 点と点 A を頂点とする三角形をつくりたい。例えば，2，3 の目が出たら△ ABC ができ，1，2 の目が出たら三角形はできない。このとき，次の問いに答えよ。

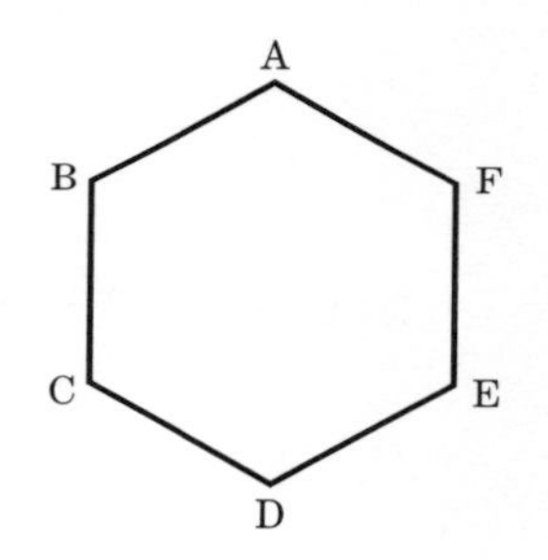

① 三角形ができない確率を求めよ。

② 直角三角形ができる確率を求めよ。

13 1 から 6 までの目が出る 1 つのさいころを 2 回投げ，1 回目に出た目の数を m，2 回目に出た目の数を n とするとき，次の問いに答えよ。ただし，さいころのどの目が出ることも同様に確からしいものとする。〈大分県〉

➡ P.84 2 いろいろな確率

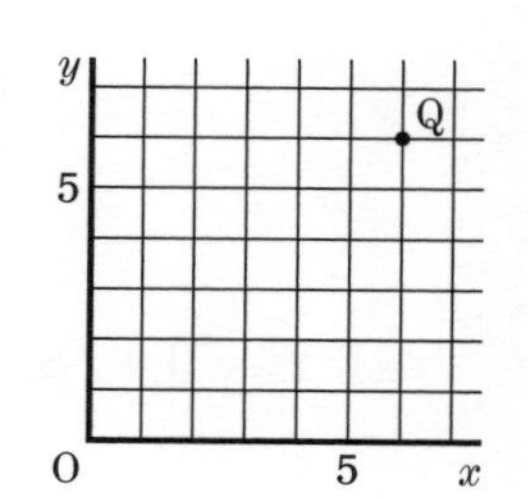

(1) $m+n=4$ になる確率を求めよ。

(2) 右上の図のような平面上に，点 P$(m,\ n)$をとる。点 Q の座標を$(6,\ 6)$とするとき，△ POQ が二等辺三角形になる確率を求めよ。

実力完成テスト❶

時間 60分

得点 ／100点

解答解説 別冊 P.43

1 次の計算をせよ。

〈各 3 点　計 12 点〉

(1) $18-(-3)^2\times3$

(1)

(2) $\sqrt{7}\times\sqrt{147}\div\sqrt{3}-2\sqrt{7}$

(2)

(3) $\dfrac{2a-4b}{3}-\dfrac{3a+5b}{4}$

(3)

(4) $9x\times(xy^2)^3\div(-3x^2y)^2$

(4)

2 次の問いに答えよ。

〈各 4 点((3)は完答で 4 点)　計 12 点〉

(1) $x^2-2xy+y^2-9$ を因数分解せよ。

(1)

(2) $x=\sqrt{6}+\sqrt{3}$, $y=\sqrt{6}-\sqrt{3}$ のとき，x^2-xy-y^2 の値を求めよ。

(2)

(3) 2 次方程式 $x^2+ax-8=0$ の解の 1 つが 2 のとき，a の値ともう 1 つの解を求めよ。

(3) $a=$

$x=$

3

底面の半径が 3cm，高さが 6cm の円錐から，底面の半径が 1cm の円錐を右の図のように切りとった。このとき，次の問いに答えよ。ただし，円周率を π とする。

〈各 4 点　計 12 点〉

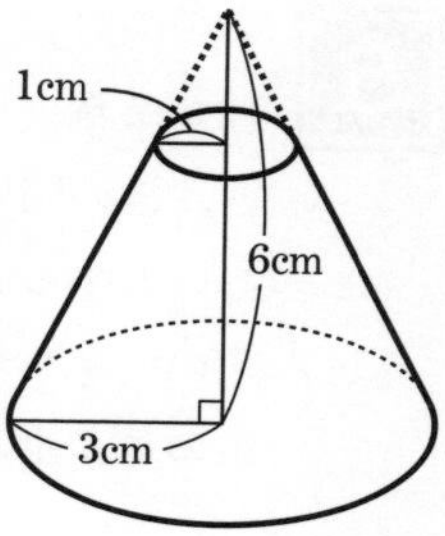

1cm
6cm
3cm

(1) 残った立体の体積を求めよ。

(1)

(2) 切りとった円錐の側面積を求めよ。

(2)

(3) 残った立体の表面積を求めよ。

(3)

4

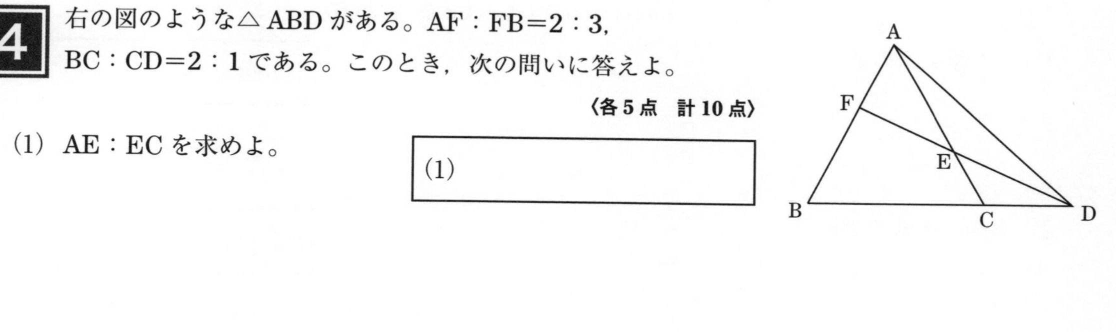

右の図のような△ ABD がある。AF：FB＝2：3，BC：CD＝2：1 である。このとき，次の問いに答えよ。

〈各 5 点　計 10 点〉

(1) AE：EC を求めよ。

(1)

(2) △ AED の面積が 12cm^2 のとき，△ ABD の面積を求めよ。

(2)

右の図のように，外から中の見えない袋の中に赤色の球が4個，青色の球が2個，白色の球が1個入っている。この袋の中から球を取り出すとき，次の問いに答えよ。ただし，どの球を取り出すことも同様に確からしいとする。

〈各4点　計8点〉

(1) 袋の中から球を1個取り出すとき，赤色の球が出る確率を求めよ。

(1)

(2) 袋の中から球を2個同時に取り出すとき，同じ色の球が出る確率を求めよ。

(2)

6

右の図のように，関数 $y=ax^2 (a>0)$ のグラフがある。2点A, Bはこのグラフ上の点で，$A\left(-3,\ \dfrac{9}{2}\right)$，Bの x 座標は4である。直線 ℓ は2点A，Bを通る直線であり，直線 ℓ と y 軸の交点をPとする。このとき，次の問いに答えよ。

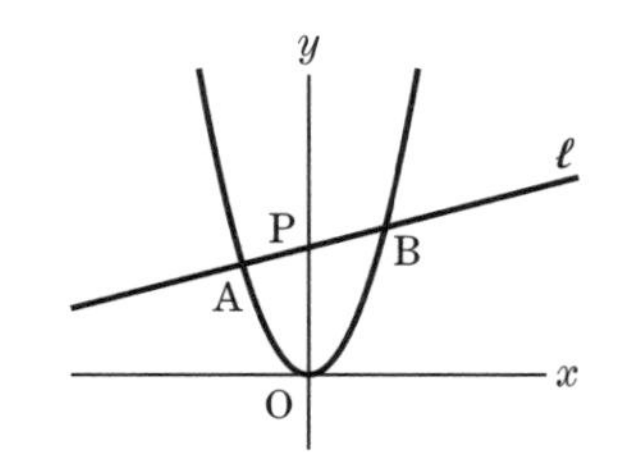

〈(1)～(3)各4点　(4)8点　計20点〉

(1) a の値を求めよ。

(1) $a=$

(2) 直線 ℓ の式を求めよ。

(2)

(3) OPの中点をMとするとき，△AMBの面積を求めよ。

(3)

(4) △AMBと面積の等しい△ABCがある。点Cが x 軸上の点であるとき，Cの座標をすべて求めよ。

(4)

7 右の図のように，長方形 ABCD があり，AB=5cm，AD=10cm である。点 P，Q が同時に点 A を出発し，点 P は時計回りに毎秒 2cm，点 Q は反時計回りに毎秒 1cm の速さで進む。このとき，次の問いに答えよ。 **〈各 4 点　計 12 点〉**

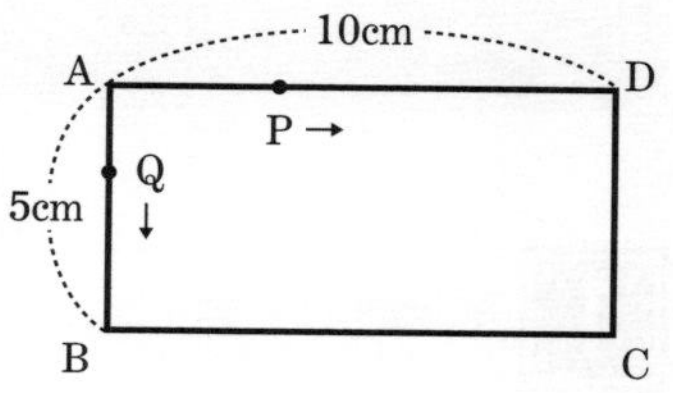

A　10cm　D
P →
Q ↓
5cm
B　C

(1) 2 秒後の△ APQ の面積を求めよ。

(1)

(2) $0 \leqq t \leqq 5$ のとき，t 秒後の△ APQ の面積を t で表せ。

(2)

(3) 5 秒後以降で△ APQ の面積がはじめて $24cm^2$ になるのは何秒後か。

(3)

8 右の図で，立方体 ABCD−EFGH は 1 辺が 8cm である。このとき，次の問いに答えよ。 **〈(1)(2)各 4 点　(3)6 点　計 14 点〉**

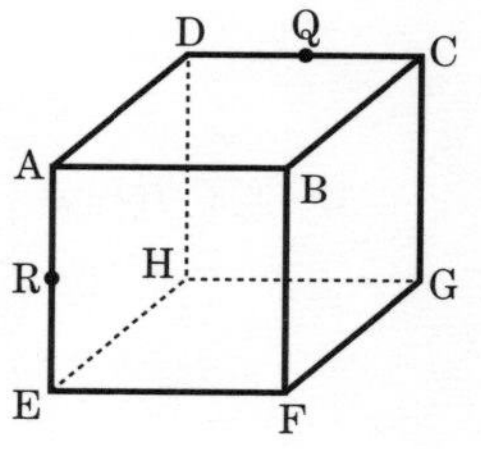

D　Q　C
A　B
R　H　G
E　F

(1) CD の中点を Q, AE の中点を R とする。立方体の表面を通って，辺 AB を通過するように Q，R をひもで結ぶときの最短距離を求めよ。

(1)

(2) 点 B を頂点，△ ACF を底面とする三角錐 B−ACF の体積を求めよ。

(2)

(3) 点 B から△ ACF にひいた垂線の長さを求めよ。

(3)

実力完成テスト❷

時間 60分

得点 ／100点

解答解説 別冊 P.45

1 次の問いに答えよ。

〈各4点((5)は完答で4点)　計32点〉

(1) $\left(\frac{24}{5}+12\right)\times\frac{1}{\sqrt{2}}$ を計算せよ。

(1)

(2) $3(2x-1)^2-2(2x-1)+1$ を計算せよ。

(2)

(3) $x=\sqrt{5}-2$ のとき，$(x+1)(x-1)$ を計算せよ。

(3)

(4) 2次方程式 $2x^2+7x+4=0$ を解け。

(4) $x=$

(5) 連立方程式 $\begin{cases}2x+3y=5\\3x-2y=1\end{cases}$ を解け。

(5) $x=$　　　，$y=$

(6) 2点(1，3)，(−3，1)を通る直線の式を求めよ。

(6)

(7) さいころを2回投げる。出る目の数の和が5になる確率を求めよ。

(7)

(8) 右の図のように2点A，Bと直線ℓがある。このとき，直線ℓ上に中心があり，2点A，Bを通る円の中心Oを定規とコンパスを用いて作図せよ。ただし，作図に用いた線は消さないでおくこと。

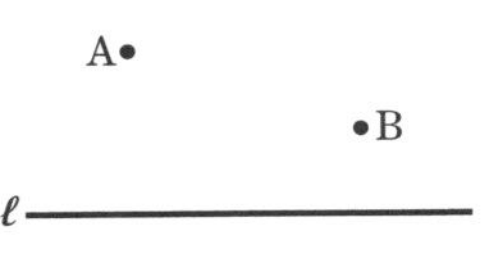

(8)
A
B
ℓ

2

10人のバスケットボール部員がフリースロー大会を行ったところ，シュートの決まった回数は以下のようになった。シュートの決まった回数の平均値，最頻値，中央値，第1四分位数，第3四分位数を求めよ。

〈完答で6点〉

3	2	4	2	1	5	2	4	1	2

(単位：回)

平均値	回
最頻値	回
中央値	回
第1四分位数	回
第3四分位数	回

3

右の図の直線 ℓ と m は平行であり，五角形は正五角形である。このとき，右の図の $\angle x$ の大きさを求めよ。

〈6点〉

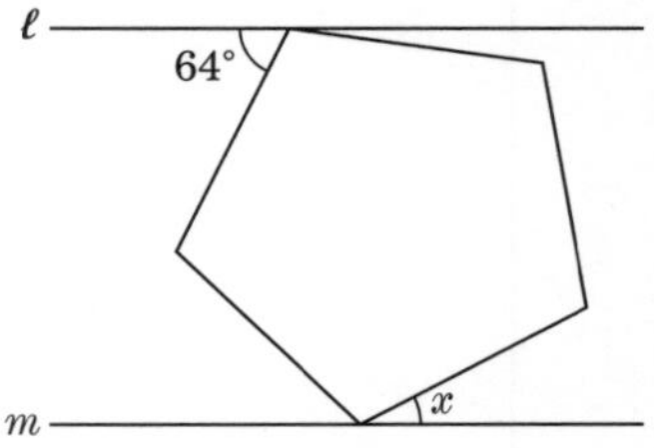

ℓ
64°
x
m

4

次の文章を読んで，あとの問いに答えよ。

Aさんは公園で友達と会う約束をした。Aさんの家から公園までの道のりは1400mである。Aさんは家を出てから，分速70mで歩いて公園に向かったが，途中から分速140mで走ったら，家を出てから15分で公園に着いた。このとき，次の問いに答えよ。

〈(1)(2)各5点　(3)6点　計16点〉

(1)　Aさんが家を出てから，歩いた道のりを xm，走った道のりを ym としたとき，x と y を求める連立方程式をつくれ。

(1)

(2)　Aさんが家を出てから，歩いた時間を x 分，走った時間を y 分としたとき，x と y を求める連立方程式をつくれ。

(2)

(3)　(1)または(2)でつくった連立方程式を解いて，Aさんが家を出てから歩いた道のりを求めよ。

(3)

5 右の図のように，ABを直径とする円Oと△ABCがある。辺ACと円Oの交点をEとする。また，∠Cの二等分線と辺ABの交点をD，直線CDの延長上にAF＝ACとなる点Fをとる。このとき，次の問いに答えよ。

〈(1)8点　(2)各6点　計20点〉

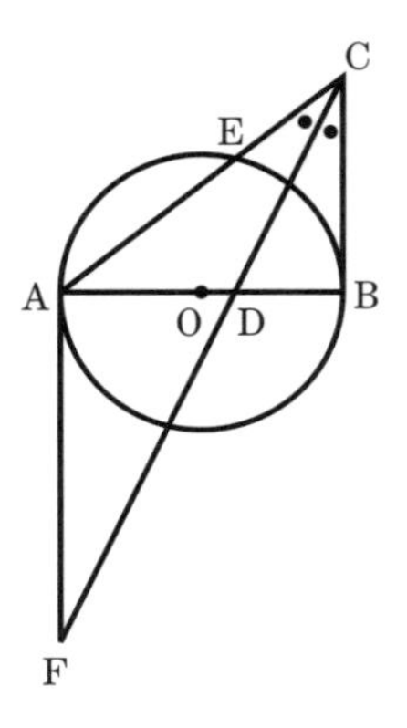

(1)　△ADF∽△BDCを証明せよ。

(1)

(2)　AC＝8cm，CE＝3cm，BC＝$\frac{24}{5}$cmのとき，次の問いに答えよ。

①　DE//BCを証明せよ。

(2) ①

②　△ABCの面積を求めよ。

(2) ②

6 ゆかさんは携帯電話を契約しにお母さんと携帯電話ショップに行った。携帯電話の月額料金は，基本使用料，通話料，通信料の和である。基本使用料と通信料は1か月で一定の料金であるが，通話料は1分間ごとの通話料が決められているので，通話時間によって月額料金が変わる。
ゆかさんとお母さんが行った携帯電話ショップの携帯電話の料金プランには以下の3つがあった。

プラン	基本使用料(円)	1分間ごとの通話料(円)	通信料(円)
A	500	15	2000
B	800	10	2000
C	1200	5	2000

ゆかさんは自分に合った料金プランを考え，携帯電話を契約することにした。1か月の通話時間の合計をx分，月額料金をy円として，以下の問いに答えよ。 **〈(1)(2)各6点　(3)完答で8点　計20点〉**

(1) プランAの月額料金について，yをxの式で表せ。

(1)

(2) プランAの月額料金とプランBの月額料金が等しくなるときの通話時間の合計は何分か。

(2)

(3) ゆかさんはお母さんに，月額料金が3550円以下になるようにしなさいと言われた。この場合，どのプランが最も長く通話できるか，求めよ。また，そのときの通話時間の合計を求めよ。

(3)プラン
通話時間の合計

【出典の補足】

2022 年埼玉県…p.9 大問 2(5)，p.13 大問 2(5)，p.15 大問 6(5)，p.17 大問 2(4)，p.26 大問 3(14)，p.67 大問 7，p.81 大問 4

2022 年埼玉県　学校選択問題…p.28 項目 2 例題

2021 年埼玉県…p.17 大問 2(6)，p.26 大問 3(2)，p.46 大問 8，p.75 大問 9

2021 年埼玉県　学校選択問題…p.58 大問 4

2020 年埼玉県…p.17 大問 2(1)，p.26 大問 3(8)，p.47 大問 14，p.53 大問 2

2014 年埼玉県…p.9 大問 1(1)，p.13 大問 2(3)，p.37 大問 2

2011 年埼玉県…p.46 大問 12

数と式編 でる順 1位

正負の数

入試問題で実力チェック！ ➡本冊P.5~7

1 (1)8　(2)-15　(3)4　(4)-7　(5)-6　(6)-13

2 (1)-20　(2)20　(3)-21　(4)4　(5)-4　(6)-4.5

3 (1)$-\frac{2}{21}$　(2)$-\frac{1}{3}$

4 (1)6　(2)27　(3)-3　(4)14　(5)-1　(6)10

5 (1)-5　(2)9　(3)$\frac{1}{7}$　(4)$\frac{2}{3}$　(5)-10　(6)$\frac{7}{6}$

6 (1)6　(2)-5　(3)12　(4)10　(5)-39　(6)2

7 (1)-7　(2)$\frac{5}{12}$　(3)10

8 $<$　**9** $a-b$

10 $(a,\ b)=(-4,\ 5),\ (-3,\ 4),\ (-2,\ 3),\ (-1,\ 2)$のうち，いずれか1つ

11 ア

解説

1 (1)$-3+11=+(11-3)=8$

(2)$-8+(-7)=-(8+7)=-15$

(3)$-4-(-8)=-4+(+8)=+(8-4)=4$

(4)$2+(-9)=-(9-2)=-7$

(5)$3-9=-(9-3)=-6$

(6)$-8-5=-(8+5)=-13$

2 (1)$(-4)\times5=-(4\times5)=-20$

(2)$(-5)\times(-4)=+(5\times4)=20$

(3)$3\times(-7)=-(3\times7)=-21$

(4)$(-28)\div(-7)=+(28\div7)=4$

(5)$24\div(-6)=-(24\div6)=-4$

(6)$1.5\times(-3)=-(1.5\times3)=-4.5$

3 (1)$\frac{1}{3}-\frac{3}{7}=\frac{7-9}{21}=-\frac{2}{21}$

(2)$\frac{1}{2}-\frac{5}{6}=\frac{3-5}{6}=-\frac{2}{6}=-\frac{1}{3}$

4 (1)$-4-(-2)+8=-4+2+8=-4+10=6$

(2)$7\times5-8=35-8=27$

(3)$7+5\times(-2)=7-10=-3$

(4)$6-4\times(-2)=6+8=14$

(5)$6-14\div2=6-7=-1$

(6)$(-2)\times(-3)+4=6+4=10$

5 (1)$15\div(-5+2)=15\div(-3)=-5$

(2)$-7+8\div\frac{1}{2}=-7+8\times2=-7+16=9$

(3)$1+3\times\left(-\frac{2}{7}\right)=1+\left(-\frac{6}{7}\right)=\frac{7}{7}-\frac{6}{7}=\frac{1}{7}$

(4)$\frac{10}{3}+2\div\left(-\frac{3}{4}\right)=\frac{10}{3}+2\times\left(-\frac{4}{3}\right)=\frac{10}{3}-\frac{8}{3}=\frac{2}{3}$

(5)$\left(\frac{1}{3}+\frac{2}{9}\right)\times(-18)=\frac{1}{3}\times(-18)+\frac{2}{9}\times(-18)=-6-4=-10$

(6)$\left(-\frac{2}{5}+\frac{4}{3}\right)\div\frac{4}{5}=\left(-\frac{2}{5}+\frac{4}{3}\right)\times\frac{5}{4}=\left(-\frac{2}{5}\right)\times\frac{5}{4}+\frac{4}{3}\times\frac{5}{4}=-\frac{1}{2}+\frac{5}{3}=-\frac{3}{6}+\frac{10}{6}=\frac{7}{6}$

6 (1)$\frac{3}{2}\times(-2)^2=\frac{3}{2}\times4=6$

(2)$7+3\times(-2^2)=7+3\times(-4)=7-12=-5$

(3)$-2^2+(-4)^2=-4+16=12$

(4)$(-4)^2+3\times(-2)=16-6=10$

(5)$6-(-3)^2\times5=6-9\times5=6-45=-39$

(6)$-3\times(-2)-2^2=6-4=2$

7 (1) $1-6^2\div\frac{9}{2}=1-36\times\frac{2}{9}=1-8=-7$

(2) $\frac{7}{6}\div\left(-\frac{7}{2}\right)+\frac{3}{4}=\frac{7}{6}\times\left(-\frac{2}{7}\right)+\frac{3}{4}$

$=\left(-\frac{1}{3}\right)+\frac{3}{4}=\left(-\frac{4}{12}\right)+\frac{9}{12}=\frac{5}{12}$

(3) $4-3^2\times\left(-\frac{2}{3}\right)=4-9\times\left(-\frac{2}{3}\right)$

$=4+6=10$

8 40.5の小数第一位を四捨五入すると41になるので，40.5は含まない。よって，あてはまる不等号は＜である。

9 $0<a<b$より，$a+b>0$，$ab>0$，$\frac{b}{a}>0$

である。$a<b$より，$a-b<0$だから，
最も値が小さい式は$a-b$である。

10 aは負の数で絶対値が5より小さいので，-4，-3，-2，-1のいずれかとなる。$a+b=1$
より，$b=1-a$にあてはめて，
$(a,\ b)=(-4,\ 5)$，$(-3,\ 4)$，$(-2,\ 3)$，$(-1,\ 2)$のうち，いずれか1つを書けばよい。

11 $a<0$より，$-a>0$，$-\frac{1}{2}a>0$，

$\frac{1}{a}<0$，$a<0$，$2a<0$である。

$-a$と$-\frac{1}{2}a$について差をとると，

$-a-\left(-\frac{1}{2}a\right)=-\frac{1}{2}a>0$

となるから，$-a$の方が大きい。よって，最も大きいものは$-a$である。

数と式編
でる順 2位

文字式の計算

入試問題で実力チェック！ ➡本冊P.9～11

1 (1) $4a$　(2) $\frac{11}{12}a$　(3) $\frac{2}{15}x$

(4) $-a+4$　(5) $-a+6b$

(6) $-16x+11y$　(7) $a-4b$　(8) $3x+7y$

2 (1) $-6ab$　(2) $4x$　(3) $-2b$　(4) $-4a$

(5) $8xy^2$　(6) $4x^2y$　(7) $-2a^3b$　(8) $-6x$

(9) $-\frac{2a^2}{b}$　(10) $2x^3y$

3 (1) $\frac{7x-y}{6}$　(2) $\frac{9a+5b}{4}$　(3) $\frac{5x+13y}{6}$

(4) $\frac{3x+7y}{10}$　(5) $\frac{11}{12}$　(6) $-\frac{5}{18}$

(7) $\frac{5a+9b}{8}$　(8) $\frac{7}{6}x$　(9) $\frac{8x+7y}{15}$

(10) $\frac{11}{15}x$　(11) $-\frac{5}{6}$　(12) $\frac{4x-11}{15}$

4 (1) 11　(2) -3　(3) -8　(4) 2　(5) 43

5 (1) $y=-2x+3$　(2) $b=2m-a$

(3) $r=\frac{L}{2\pi}$

解説

1 (1) $9a-5a=(9-5)a=4a$

(2) $\frac{2}{3}a+\frac{1}{4}a=\left(\frac{2}{3}+\frac{1}{4}\right)a$

$=\left(\frac{8}{12}+\frac{3}{12}\right)a=\frac{11}{12}a$

(3) $\frac{4}{5}x-\frac{2}{3}x=\left(\frac{4}{5}-\frac{2}{3}\right)x$

$=\left(\frac{12}{15}-\frac{10}{15}\right)x=\frac{2}{15}x$

(4) $2a+1-3(a-1)=2a+1-3a+3$
$=-a+4$

(5) $3(a-2b)+4(-a+3b)=3a-6b-4a+12b$
$=-a+6b$

(6) $3(-2x+3y)-2(5x-y)$
$=-6x+9y-10x+2y=-16x+11y$

(7) $5(a-2b)-2(2a-3b)$
$=5a-10b-4a+6b=a-4b$

(8) $2(2x+y)-(x-5y)=4x+2y-x+5y$
$=3x+7y$

2 (1) $12ab^2\div(-2b)=-\frac{12ab^2}{2b}=-6ab$

(2) $(-2xy)^2\div xy^2=\frac{4x^2y^2}{xy^2}=4x$

(3) $16ab^2\div(-8ab)=-\frac{16ab^2}{8ab}=-2b$

(4) $(-6ab)^2\div(-9ab^2)=-\frac{36a^2b^2}{9ab^2}=-4a$

(5) $12x^2y\div 3x\times 2y=\dfrac{12x^2y\times 2y}{3x}=8xy^2$

(6) $5y\times 8x^3y\div 10xy=\dfrac{5y\times 8x^3y}{10xy}=4x^2y$

(7) $3ab^2\times(-4a^2)\div 6b=-\dfrac{3ab^2\times 4a^2}{6b}$
$=-2a^3b$

(8) $4x^2\div 6xy\times(-9y)=-\dfrac{4x^2\times 9y}{6xy}=-6x$

(9) $4a^2\div 6ab^2\times(-3ab)=-\dfrac{4a^2\times 3ab}{6ab^2}$
$=-\dfrac{2a^2}{b}$

(10) $10xy^2\div 5y\times(-x)^2=\dfrac{10xy^2\times x^2}{5y}$
$=2x^3y$

3 (1) $\dfrac{2x-5y}{3}+\dfrac{x+3y}{2}$
$=\dfrac{2(2x-5y)+3(x+3y)}{6}$
$=\dfrac{4x-10y+3x+9y}{6}=\dfrac{7x-y}{6}$

(2) $\dfrac{5a-b}{2}-\dfrac{a-7b}{4}$
$=\dfrac{2(5a-b)-(a-7b)}{4}$
$=\dfrac{10a-2b-a+7b}{4}=\dfrac{9a+5b}{4}$

(3) $\dfrac{3x+y}{2}-\dfrac{2x-5y}{3}$
$=\dfrac{3(3x+y)-2(2x-5y)}{6}$
$=\dfrac{9x+3y-4x+10y}{6}=\dfrac{5x+13y}{6}$

(4) $\dfrac{4x+y}{5}-\dfrac{x-y}{2}$
$=\dfrac{2(4x+y)-5(x-y)}{10}$
$=\dfrac{8x+2y-5x+5y}{10}=\dfrac{3x+7y}{10}$

(5) $\dfrac{8a+9}{4}-\dfrac{6a+4}{3}$
$=\dfrac{3(8a+9)-4(6a+4)}{12}$
$=\dfrac{24a+27-24a-16}{12}=\dfrac{11}{12}$

(6) $\dfrac{2x-3}{6}-\dfrac{3x-2}{9}$
$=\dfrac{3(2x-3)-2(3x-2)}{18}$
$=\dfrac{6x-9-6x+4}{18}=-\dfrac{5}{18}$

(7) $\dfrac{3a+b}{4}-\dfrac{a-7b}{8}$
$=\dfrac{2(3a+b)-(a-7b)}{8}$
$=\dfrac{6a+2b-a+7b}{8}=\dfrac{5a+9b}{8}$

(8) $\dfrac{3(x+2y)}{2}-\dfrac{x+9y}{3}$
$=\dfrac{9(x+2y)-2(x+9y)}{6}$
$=\dfrac{9x+18y-2x-18y}{6}=\dfrac{7}{6}x$

(9) $\dfrac{x+2y}{3}+\dfrac{x-y}{5}$
$=\dfrac{5(x+2y)+3(x-y)}{15}$
$=\dfrac{5x+10y+3x-3y}{15}=\dfrac{8x+7y}{15}$

(10) $\dfrac{2}{3}(2x-3)-\dfrac{1}{5}(3x-10)$
$=\dfrac{10(2x-3)-3(3x-10)}{15}$
$=\dfrac{20x-30-9x+30}{15}=\dfrac{11}{15}x$

(11) $\dfrac{1}{2}(3x-4)-\dfrac{1}{6}(9x-7)$
$=\dfrac{3(3x-4)-(9x-7)}{6}$
$=\dfrac{9x-12-9x+7}{6}=-\dfrac{5}{6}$

(12) $\dfrac{1}{5}(3x-2)-\dfrac{1}{3}(x+1)$
$=\dfrac{3(3x-2)-5(x+1)}{15}$
$=\dfrac{9x-6-5x-5}{15}=\dfrac{4x-11}{15}$

4 (1)$a+b^2$に$a=2$, $b=-3$を代入すると,
$2+(-3)^2=2+9=11$

(2)a^2+4aに$a=-3$を代入すると,
$(-3)^2+4\times(-3)=9-12=-3$

(3)x^3+2xyに$x=-1$, $y=\frac{7}{2}$を代入すると,

$(-1)^3+2\times(-1)\times\frac{7}{2}=-1-7=-8$

(4)$5x-7y-4(x-2y)=5x-7y-4x+8y$
$=x+y$より, $8+(-6)=2$

(5)$(12ab-8b^2)\div 4b=\frac{12ab-8b^2}{4b}$
$=3a-2b$より, $3\times9-2\times(-8)$
$=27+16=43$

5 (1)$4x$を移行して, $2y=6-4x$

両辺を2でわって, $y=3-2x$

(2)両辺に2をかけて, $2m=a+b$

aを移項して, $2m-a=b$

両辺を入れかえて, $b=2m-a$

(3)両辺を入れかえて, $2\pi r=L$

両辺を2πでわって, $r=\frac{L}{2\pi}$

数と式編 でる順 **3**位

平方根

入試問題で実力チェック！

➡本冊P.13~15

1 ウ

2 (1)9 (2)$5\sqrt{3}$ (3)$4\sqrt{7}$ (4)$6\sqrt{15}$
(5)$-\sqrt{6}$ (6)$\sqrt{6}$

3 (1)$\sqrt{2}$ (2)$2\sqrt{5}$ (3)$2\sqrt{3}$
(4)$2\sqrt{3}$ (5)$4\sqrt{5}$ (6)$6\sqrt{6}$
(7)$7\sqrt{3}$ (8)$-\sqrt{3}$

4 (1)$2\sqrt{6}$ (2)$3-3\sqrt{5}$ (3)5
(4)$-8+3\sqrt{21}$ (5)$\sqrt{3}$ (6)$10+4\sqrt{6}$
(7)$5+2\sqrt{6}$ (8)13

5 (1)$9\sqrt{7}-10\sqrt{3}$ (2)$-2+6\sqrt{3}$
(3)$8+2\sqrt{3}$ (4)4 (5)$5-\sqrt{6}$
(6)$8-7\sqrt{15}$ (7)8 (8)21

6 (1)最も大きい数はア, 最も小さい数はウ
(2)$n=7$ (3)$n=1, 6, 9$(順不同可)
(4)$n=5$ (5)4通り

7 (1)3 (2)100

解説

1 **ア** $\sqrt{(-2)^2}=\sqrt{4}=2$なので正しい。

イ 9の平方根は±3なので正しい。

ウ $\sqrt{16}=4$なので正しくない。

エ $(\sqrt{5})^2=5$なので正しい。

よって, 正しくないのは**ウ**である。

2 (1)$\sqrt{(-9)^2}=\sqrt{81}=9$

(2)$2\sqrt{3}+\sqrt{27}=2\sqrt{3}+3\sqrt{3}=5\sqrt{3}$

(3)$6\sqrt{7}-\sqrt{28}=6\sqrt{7}-2\sqrt{7}=4\sqrt{7}$

(4)$\sqrt{12}\times\sqrt{45}=2\sqrt{3}\times3\sqrt{5}$
$=6\sqrt{15}$

(5)$\frac{12}{\sqrt{6}}-3\sqrt{6}=\frac{12\times\sqrt{6}}{\sqrt{6}\times\sqrt{6}}-3\sqrt{6}$
$=\frac{12\sqrt{6}}{6}-3\sqrt{6}=2\sqrt{6}-3\sqrt{6}$
$=-\sqrt{6}$

(6)$\sqrt{24}-\frac{2\sqrt{3}}{\sqrt{2}}=2\sqrt{6}-\frac{2\sqrt{3}\times\sqrt{2}}{\sqrt{2}\times\sqrt{2}}$

$=2\sqrt{6}-\frac{2\sqrt{6}}{2}=2\sqrt{6}-\sqrt{6}=\sqrt{6}$

3 (1)$\sqrt{32}-\sqrt{72}+\sqrt{18}$
$=4\sqrt{2}-6\sqrt{2}+3\sqrt{2}=\sqrt{2}$

(2)$\sqrt{45}+\sqrt{5}-\sqrt{20}$
$=3\sqrt{5}+\sqrt{5}-2\sqrt{5}=2\sqrt{5}$

(3)$\sqrt{27}+\sqrt{3}-\sqrt{12}$
$=3\sqrt{3}+\sqrt{3}-2\sqrt{3}=2\sqrt{3}$

(4)$3\div\sqrt{6}\times\sqrt{8}=\frac{3\times\sqrt{8}}{\sqrt{6}}=\frac{3\times\sqrt{4}}{\sqrt{3}}$

$=\frac{6}{\sqrt{3}}=\frac{6\times\sqrt{3}}{\sqrt{3}\times\sqrt{3}}=\frac{6\sqrt{3}}{3}=2\sqrt{3}$

(5)$\sqrt{45}+\frac{10}{\sqrt{5}}-\sqrt{5}$

$=3\sqrt{5}+\frac{10\times\sqrt{5}}{\sqrt{5}\times\sqrt{5}}-\sqrt{5}$
$=3\sqrt{5}+\frac{10\sqrt{5}}{5}-\sqrt{5}$
$=3\sqrt{5}+2\sqrt{5}-\sqrt{5}=4\sqrt{5}$

(6) $5\sqrt{6}-\sqrt{24}+\dfrac{18}{\sqrt{6}}$

$=5\sqrt{6}-2\sqrt{6}+\dfrac{18\times\sqrt{6}}{\sqrt{6}\times\sqrt{6}}$

$=5\sqrt{6}-2\sqrt{6}+\dfrac{18\sqrt{6}}{6}$

$=5\sqrt{6}-2\sqrt{6}+3\sqrt{6}=6\sqrt{6}$

(7) $\sqrt{27}+\sqrt{6}\times\dfrac{4}{\sqrt{2}}$

$=3\sqrt{3}+\dfrac{\sqrt{6}\times4}{\sqrt{2}}$

$=3\sqrt{3}+4\sqrt{3}=7\sqrt{3}$

(8) $\dfrac{1}{\sqrt{8}}\times4\sqrt{6}-\sqrt{27}$

$=\dfrac{4\sqrt{6}}{2\sqrt{2}}-3\sqrt{3}=2\sqrt{3}-3\sqrt{3}$

$=-\sqrt{3}$

4 (1) $(\sqrt{27}-\sqrt{3})\times\sqrt{2}$

$=(3\sqrt{3}-\sqrt{3})\times\sqrt{2}=2\sqrt{3}\times\sqrt{2}$

$=2\sqrt{6}$

(2) $\sqrt{3}(\sqrt{3}-\sqrt{15})$

$=\sqrt{3}\times\sqrt{3}-\sqrt{3}\times\sqrt{15}$

$=3-\sqrt{45}=3-3\sqrt{5}$

(3) $(\sqrt{8}+\sqrt{18})\div\sqrt{2}$

$=(2\sqrt{2}+3\sqrt{2})\div\sqrt{2}$

$=5\sqrt{2}\div\sqrt{2}$

$=5$

(4) $(\sqrt{3}+2\sqrt{7})(2\sqrt{3}-\sqrt{7})$

$=\sqrt{3}\times2\sqrt{3}-\sqrt{3}\times\sqrt{7}$

$+2\sqrt{7}\times2\sqrt{3}-2\sqrt{7}\times\sqrt{7}$

$=6-\sqrt{21}+4\sqrt{21}-14$

$=-8+3\sqrt{21}$

(5) $(2+\sqrt{3})(\sqrt{12}-3)$

$=2\times\sqrt{12}-2\times3$

$+\sqrt{3}\times\sqrt{12}-\sqrt{3}\times3$

$=4\sqrt{3}-6+6-3\sqrt{3}=\sqrt{3}$

(6) $(2+\sqrt{6})^2$

$=2^2+2\times2\times\sqrt{6}+(\sqrt{6})^2$

$=4+4\sqrt{6}+6=10+4\sqrt{6}$

(7) $(\sqrt{3}+\sqrt{2})^2$

$=(\sqrt{3})^2+2\times\sqrt{3}\times\sqrt{2}+(\sqrt{2})^2$

$=3+2\sqrt{6}+2=5+2\sqrt{6}$

(8) $(4+\sqrt{3})(4-\sqrt{3})$

$=4^2-(\sqrt{3})^2=16-3=13$

5 (1) $\sqrt{7}(9-\sqrt{21})-\sqrt{27}$

$=\sqrt{7}\times9-\sqrt{7}\times\sqrt{21}-3\sqrt{3}$

$=9\sqrt{7}-7\sqrt{3}-3\sqrt{3}$

$=9\sqrt{7}-10\sqrt{3}$

(2) $(\sqrt{3}+5)(\sqrt{3}-1)+\sqrt{12}$

$=\sqrt{3}\times\sqrt{3}-\sqrt{3}\times1$

$+5\times\sqrt{3}-5\times1+2\sqrt{3}$

$=3-\sqrt{3}+5\sqrt{3}-5+2\sqrt{3}$

$=-2+6\sqrt{3}$

(3) $(\sqrt{3}+1)(\sqrt{3}+5)-\sqrt{48}$

$=\sqrt{3}\times\sqrt{3}+\sqrt{3}\times5$

$+1\times\sqrt{3}+1\times5-4\sqrt{3}$

$=3+5\sqrt{3}+\sqrt{3}+5-4\sqrt{3}$

$=8+2\sqrt{3}$

(4) $(\sqrt{3}+1)^2-\dfrac{6}{\sqrt{3}}$

$=(\sqrt{3})^2+2\times\sqrt{3}\times1$

$+1^2-\dfrac{6\times\sqrt{3}}{\sqrt{3}\times\sqrt{3}}$

$=3+2\sqrt{3}+1-2\sqrt{3}=4$

(5) $(\sqrt{2}-\sqrt{3})^2+\sqrt{6}$

$=(\sqrt{2})^2-2\times\sqrt{2}\times\sqrt{3}$

$+(\sqrt{3})^2+\sqrt{6}$

$=2-2\sqrt{6}+3+\sqrt{6}=5-\sqrt{6}$

(6) $(\sqrt{5}+\sqrt{3})^2-9\sqrt{15}$

$=(\sqrt{5})^2+2\times\sqrt{5}\times\sqrt{3}$

$+(\sqrt{3})^2-9\sqrt{15}$

$=5+2\sqrt{15}+3-9\sqrt{15}=8-7\sqrt{15}$

(7) $(4+\sqrt{3})(4-\sqrt{3})-\dfrac{\sqrt{50}}{\sqrt{2}}$

$=4^2-(\sqrt{3})^2-\sqrt{25}=16-3-5=8$

(8) $(2\sqrt{5}+1)(2\sqrt{5}-1)+\dfrac{\sqrt{12}}{\sqrt{3}}$

$=(2\sqrt{5})^2-1^2+\sqrt{4}=20-1+2=21$

6 (1) **ア**〜**エ**の数を<u>すべて$\sqrt{a}$の形で表す</u>と，**ア**は$\sqrt{26}$，**イ**は$\sqrt{25}$，**ウ**は$\sqrt{24}$，**エ**は$\sqrt{\dfrac{49}{2}}=\sqrt{24.5}$となるので，最も大きい数は**ア**の$\sqrt{26}$，最も小さい数は**ウ**の$2\sqrt{6}$である。

(2) $1 \leqq n \leqq 9$ より，$19 \leqq n+18 \leqq 27$ であり，19から27の間にある平方数（整数の2乗で表される数）は25なので，$n+18=25$，つまり，$n=7$ のとき，$\sqrt{n+18}$ は整数となる。

(3) $10-n$ が平方数になる場合は，
$10-n=1^2$ のとき，$n=9$
$10-n=2^2$ のとき，$n=6$
$10-n=3^2$ のとき，$n=1$ の3通りあるから，
$n=1,\ 6,\ 9$ である。

(4) $\sqrt{45n}=\sqrt{3\times3\times5\times n}=3\sqrt{5n}$ となるから，$n=5$ のとき，$\sqrt{45n}=3\times5=15$ で整数になる。よって，最も小さい数は $n=5$ である。

(5) 540を素因数分解すると，$540=2^2\times3^3\times5$ だから，$\sqrt{\dfrac{540}{n}}=\sqrt{\dfrac{2^2\times3^3\times5}{n}}$ となる。
よって，$\dfrac{2^2\times3^3\times5}{n}$ が平方数となる場合は，
$n=3\times5$ のとき，$2^2\times3^2=6^2$
$n=2^2\times3\times5$ のとき，3^2
$n=3^3\times5$ のとき，2^2
$n=2^2\times3^3\times5$ のとき，1^2
の4通りあるから，$\sqrt{\dfrac{540}{n}}$ が整数となるような自然数 n は全部で4通りある。

7 (1) 式を因数分解してから代入する。
$x^2-8x+12=(x-6)(x-2)$ としてから
$x=\sqrt{7}+4$ を代入すると，
$\{(\sqrt{7}+4)-6\}\{(\sqrt{7}+4)-2\}$
$=(\sqrt{7}-2)(\sqrt{7}+2)$
$=(\sqrt{7})^2-2^2=7-4=3$ となる。

(2) 式を因数分解してから代入する。
$x^2+2xy+y^2=(x+y)^2$ としてから
$x=5+\sqrt{3}$，$y=5-\sqrt{3}$ を代入すると，
$\{(5+\sqrt{3})+(5-\sqrt{3})\}^2=10^2=100$
となる。

数と式編 でる順 4位

乗法公式・因数分解

入試問題で実力チェック！ ➡本冊P.17～19

1 (1) $x^2+2x-15$ (2) $x^2+9x+20$
(3) x^2-4x+4 (4) $9x^2-6xy+y^2$
(5) $4a^2-12a+9$ (6) a^2-9
(7) x^2-64 (8) $4x^2-1$

2 (1) $(x+6)(x-2)$ (2) $(x-7)(x+2)$
(3) $(x+12)(x-3)$ (4) $(x-5)(x+4)$
(5) $(x-4)(x+3)$ (6) $(x+9)(x-2)$
(7) $(x-4)^2$ (8) $(3x-2)^2$
(9) $(x+6)(x-6)$ (10) $(x+2y)(x-2y)$
(11) $(3x+8)(3x-8)$

3 (1) $2a^2+10a+15$ (2) $2x^2+3x-8$
(3) $8x-17$ (4) $2x^2-7$
(5) $2x^2+23$ (6) $2x^2-4x+1$
(7) $-11x+8$ (8) $-6x+25$
(9) $-x+15$ (10) $x+12$
(11) $5x-2$ (12) $6x-19$ (13) 4

4 (1) $2(x+3)(x-3)$ (2) $a(x+3)(x-3)$
(3) $3a(x+5)(x-2)$ (4) $a(x-4)(x+2)$

5 (1) $(x+8)(x-1)$ (2) $(x-9)(x+3)$
(3) $(x+4)(x-12)$ (4) $(x+3)(x-1)$
(5) $(x-8)(x-2)$ (6) $(x+y)(a+2)$

6 (1) 3200 (2) 3500

解説

1 (1) $(x-3)(x+5)$
$=x^2+(-3+5)x+(-3)\times5$
$=x^2+2x-15$

(2) $(x+5)(x+4)$
$=x^2+(5+4)x+5\times4$
$=x^2+9x+20$

(3) $(x-2)^2=x^2-2\times2\times x+2^2$
$=x^2-4x+4$

(4) $(3x-y)^2=(3x)^2-2\times3x\times y+y^2$
$=9x^2-6xy+y^2$

(5) $(2a-3)^2=(2a)^2-2\times2a\times3+3^2$
$=4a^2-12a+9$

(6) $(a+3)(a-3)=a^2-3^2=a^2-9$

(7) $(x+8)(x-8)=x^2-8^2=x^2-64$

(8) $(2x+1)(2x-1)=(2x)^2-1^2=4x^2-1$

2 (1) $x^2+4x-12$
$=x^2+\{6+(-2)\}x+6\times(-2)$
$=(x+6)(x-2)$

(2) $x^2-5x-14$
$=x^2+\{(-7)+2\}x+(-7)\times2$
$=(x-7)(x+2)$

(3) $x^2+9x-36$
$=x^2+\{12+(-3)\}x+12\times(-3)$
$=(x+12)(x-3)$

(4) x^2-x-20
$=x^2+\{(-5)+4\}x+(-5)\times4$
$=(x-5)(x+4)$

(5) x^2-x-12
$=x^2+\{(-4)+3\}x+(-4)\times3$
$=(x-4)(x+3)$

(6) $x^2+7x-18$
$=x^2+\{9+(-2)\}x+9\times(-2)$
$=(x+9)(x-2)$

(7) $x^2-8x+16$
$=x^2-2\times4\times x+4^2=(x-4)^2$

(8) $9x^2-12x+4$
$=(3x)^2-2\times3x\times2+2^2=(3x-2)^2$

(9) $x^2-36=x^2-6^2=(x+6)(x-6)$

(10) $x^2-4y^2=x^2-(2y)^2=(x+2y)(x-2y)$

(11) $9x^2-64=(3x)^2-8^2=(3x+8)(3x-8)$

3 (1) $(a-3)(a+3)+(a+4)(a+6)$
$=a^2-9+(a^2+10a+24)$
$=a^2-9+a^2+10a+24$
$=2a^2+10a+15$

(2) $(x-2)(x+2)+(x-1)(x+4)$
$=x^2-4+(x^2+3x-4)$
$=2x^2+3x-8$

(3) $(x+4)(x-2)-(x-3)^2$
$=x^2+2x-8-(x^2-6x+9)$
$=x^2+2x-8-x^2+6x-9$
$=8x-17$

(4) $(x+1)^2+(x-4)(x+2)$
$=x^2+2x+1+(x^2-2x-8)$
$=2x^2-7$

(5) $(x+4)^2+(x-1)(x-7)$
$=x^2+8x+16+(x^2-8x+7)$
$=2x^2+23$

(6) $(x-2)(x+4)+(x-3)^2$
$=x^2+2x-8+(x^2-6x+9)$
$=2x^2-4x+1$

(7) $(x-4)(x-3)-(x+2)^2$
$=x^2-7x+12-(x^2+4x+4)$
$=x^2-7x+12-x^2-4x-4$
$=-11x+8$

(8) $(x-3)^2-(x+4)(x-4)$
$=x^2-6x+9-(x^2-16)$
$=x^2-6x+9-x^2+16$
$=-6x+25$

(9) $(x+3)(x+5)-x(x+9)$
$=x^2+8x+15-x^2-9x$
$=-x+15$

(10) $x(x+2)-(x+4)(x-3)$
$=x^2+2x-(x^2+x-12)$
$=x^2+2x-x^2-x+12$
$=x+12$

(11) $(x-1)(x+2)-x(x-4)$
$=x^2+x-2-x^2+4x$
$=5x-2$

(12) $(x-3)(x+5)-(x-2)^2$
$=x^2+2x-15-(x^2-4x+4)$
$=x^2+2x-15-x^2+4x-4$
$=6x-19$

(13) $(2x+1)^2-(2x-1)(2x+3)$
$2x+1=A$とおくと，
$(2x+1)^2-\{(2x+1)-2\}\{(2x+1)+2\}$
$=A^2-(A-2)(A+2)$
$=A^2-(A^2-4)$
$=A^2-A^2+4$
$=4$

4 (1) $2x^2-18=2(x^2-9)=2(x+3)(x-3)$

(2) $ax^2-9a=a(x^2-9)=a(x+3)(x-3)$

(3) $3ax^2+9ax-30a=3a(x^2+3x-10)$
$=3a(x+5)(x-2)$

(4) $ax^2-2ax-8a=a(x^2-2x-8)$
$=a(x-4)(x+2)$

5 (1) $x(x+7)-8=x^2+7x-8$
$=(x+8)(x-1)$

(2) $(x+1)(x-7)-20$
$=x^2-6x-7-20=x^2-6x-27$
$=(x-9)(x+3)$

(3) $(x-5)^2+2(x-5)-63$
$x-5=A$とおくと，
$A^2+2A-63$
$=(A+9)(A-7)$
Aをもとにもどして，

$(A+9)(A-7)$
$=\{(x-5)+9\}\{(x-5)-7\}$
$=(x+4)(x-12)$

(4) $(x-2)^2+6(x-2)+5$
$x-2=A$とおくと，
A^2+6A+5
$=(A+5)(A+1)$
Aをもとにもどして，
$(A+5)(A+1)$
$=\{(x-2)+5\}\{(x-2)+1\}$
$=(x+3)(x-1)$

(5) $2(x-8)(x-5)-(x-8)^2$
$x-8=A$とおくと，
$2A(x-5)-A^2$
$=A\{2(x-5)-A\}$
Aをもとにもどして，
$(x-8)\{2(x-5)-(x-8)\}$
$=(x-8)(2x-10-x+8)$
$=(x-8)(x-2)$

(6) $a(x+y)+2(x+y)$
$x+y=A$とおくと，
$aA+2A=A(a+2)$
Aをもとにもどして，
$A(a+2)=(x+y)(a+2)$

6 (1) $66^2-34^2=(66+34)\times(66-34)$
$=100\times32=3200$
(2) $67.5^2-32.5^2$
$=(67.5+32.5)\times(67.5-32.5)$
$=100\times35=3500$

数と式編 でる順 5位
数の性質・規則性

入試問題で実力チェック！ ➡本冊P.21~23

1 イ　**2** エ
3 (1)49枚　カードに書かれた数　9
(2)14段目　(3)2，3，7，8(順不同可)
4 (1)黄　(2)25個
5 (1)63本　(2)45個　(3)12番目
6 (1)(i)14個　(ii)18個
(2)$(2n+1)$個
(3)**ア**　4　**イ**　$4n$　**ウ**　$(2n+1)^2$
エ　$2n^2$
(4)881個

解説

1 **ア**について，bの絶対値がaの絶対値よりも大きいとき，$a+b$は負の数になるので正しくない。
イについて，$-b$は**正の数**であるので，
$a-b$はつねに正の数である。正しい。
ウ，**エ**について，正の数と負の数の乗除は**つねに負の数**であるので正しくない。

2 $n=m+1$とすると，**ア**は$2m+1$，**イ**は1，**ウ**は$2m+3$，**エ**は$m(m+1)$となる。
ア，**イ**，**ウ**は奇数であり，**エ**についてはmか$m+1$の**どちらかが偶数である**ので，mnは偶数である。

3 (1)各段のカードの枚数をたしていくと，
$1+3+5+7+9+11+13=49$(枚)
また，各段の右端のカードの数に着目すると，1，4，9，6，5，…のように，それぞれ1^2，2^2，3^2，4^2，5^2，…の一の位の数になっている(ただし，一の位が0になるときのカードは10となる)。7段目の右端のカードの数は$7^2=49$より，9である。

(別解)カードは10枚ごとに繰り返されるので，49枚$=10\times4+9$より，9のカードとわかる。

(2)(1)より，4段目は$4^2=16$の6，6段目は$6^2=36$の6だから，次に6の数が書かれたカードが並ぶのは，$14^2=196$より，14段目である。

(3) $1^2=1$，$2^2=4$，$3^2=9$，$4^2=16$，$5^2=25$，$6^2=36$，$7^2=49$，$8^2=64$，$9^2=81$，$10^2=100$より，右端のカードに現れる数は，1，4，5，6，9，10の6種類だから，右端に並ばない数は，2，3，7，8。

4 (1)左から5色のリングが順番に並ぶから，27個の中に5色のセットが，
$27\div5=5$あまり2
より，5セットあって，2個あまる。5色の順番は先頭から青，黄，…だから，2番目の黄色が27番目の色である。

(2) $124\div5=24$あまり4
より，5色のセットが24セットあって4個あまる。黒色の順番は5色のうち先頭から3番目なので，あまり4個の中にも含まれるから，$24+1=25$(個)ある。

5 (1)それぞれの図形に含まれる1番目の図形の数は,
1番目が, 1個
2番目が, $1+2=3$(個)
3番目が, $1+2+3=6$(個)
4番目が, $1+2+3+4=10$(個)
・・・
のようになっているから, 6番目の図形では, $1+2+3+4+5+6=21$(個)の1番目の図形が含まれている。1番目の図形で使われる棒の数は3本だから, $3\times21=63$(本)である。

(2)n番目の図形に含まれる1番目と2番目の図形の数, 使われる棒の本数を$n=10$まで表にまとめると, 次のようになる。

n	1	2	3	4	5	6	7	8	9	10
1番目の図形	1	3	6	10	15	21	28	36	45	55
2番目の図形	0	1	3	6	10	15	21	28	36	45
棒の本数	3	9	18	30	45	63	84	108	135	165

n番目の図形に含まれる2番目の図形の数は, $(n-1)$番目の図形に含まれる1番目の図形の数と同じである。よって, 10番目の図形に含まれる2番目の図形の数は, 45個である。

(3)$234\div3=78$より, 棒が234本使われる図形に含まれる1番目の図形の数は78個である。
$n=11$のとき, $55+11=66$(個)
$n=12$のとき, $66+12=78$(個)
より, 12番目の図形である。

6 (1)1回目, 2回目, 3回目, …の操作の後に新たに並べられる碁石の数は

	黒の碁石	白の碁石
1回目…	$2\times1=2$(個)	$2\times3=6$(個)
2回目…	$2\times3=6$(個)	$2\times5=10$(個)
3回目…	$2\times5=10$(個)	$2\times7=14$(個)
4回目…	$2\times7=14$(個)	$2\times9=18$(個)

・・・
となるから, 4回目の操作の後に新たに並べられる黒の碁石は14個, 白の碁石は18個である。

(2)1回目, 2回目, 3回目, …の操作の後の正方形状の一辺の碁石の数は,
1回目… 3個
2回目… 5個
3回目… 7個
・・・
となるから, n回目の操作を終えた後では, $2n+1$(個)である。

(3)(1)より, 1回の操作で新たに並べられる碁石の数は, 白の碁石の方が黒の碁石よりも4個ずつ多いことがわかる。
よって, n回の操作によって追加された碁石の数は, 白の碁石の方が黒の碁石よりも$4\times n=4n$(個)多くなるから, 白の碁石の個数は$(1+A+4n)$個と表すことができる。
また, n回目の操作を終えた後正方形の一辺に並んでいる碁石の数は$(2n+1)$個だから, 碁石の総数は$(2n+1)^2$個である。
よって,
$$A+(1+A+4n)=(2n+1)^2$$
という方程式をつくることができ,
$$2A+1+4n=4n^2+4n+1$$
$$2A=4n^2$$
$$A=2n^2$$
となる。

(4)(3)より, n回目の操作を終えた後に並んでいる白の碁石の個数は,
$$1+A+4n=2n^2+4n+1$$
となるから, これに$n=20$を代入して,
$$2\times20^2+4\times20+1=800+80+1=881\text{(個)}$$
となる。

方程式編 でる順 1位
2次方程式

入試問題で実力チェック! ➡本冊P.25~27

1 (1)$x=0,\ 6$ (2)$x=-8\pm\sqrt{2}$
(3)$x=-3\pm2\sqrt{3}$ (4)$x=1\pm\sqrt{15}$
(5)$x=2\pm\sqrt{5}$ (6)$x=-5,\ 3$

2 (1)$x=9,\ -2$ (2)$x=-7,\ 2$
(3)$x=-7,\ 5$ (4)$x=3,\ 4$
(5)$x=0,\ 4$ (6)$x=-6,\ 4$
(7)$x=14,\ -2$ (8)$x=3$
(9)$x=7,\ 4$ (10)$x=7,\ -6$
(11)$x=-6,\ 2$ (12)$x=-4,\ 1$
(13)$x=6,\ -4$ (14)$x=7,\ 5$

3 (1) $x=\dfrac{3\pm\sqrt{17}}{2}$ (2) $x=\dfrac{5\pm\sqrt{17}}{4}$

(3) $x=\dfrac{-5\pm\sqrt{13}}{2}$ (4) $x=\dfrac{3\pm\sqrt{13}}{2}$

(5) $x=\dfrac{-3\pm\sqrt{29}}{2}$ (6) $x=\dfrac{-3\pm\sqrt{5}}{2}$

(7) $x=\dfrac{1\pm\sqrt{5}}{2}$ (8) $x=\dfrac{5\pm\sqrt{13}}{6}$

(9) $x=\dfrac{1\pm\sqrt{13}}{6}$ (10) $x=-1,\ \dfrac{1}{5}$

(11) $x=\dfrac{7\pm\sqrt{5}}{2}$ (12) $x=\dfrac{5\pm\sqrt{17}}{4}$

(13) $x=\dfrac{-3\pm\sqrt{13}}{4}$ (14) $x=\dfrac{3\pm\sqrt{33}}{4}$

4 (1) $x=3,\ 7$ (2) $x=6,\ -1$

(3) $x=8,\ -4$ (4) $x=3,\ -1$

(5) $x=-6,\ 3$ (6) $x=\dfrac{1\pm\sqrt{13}}{2}$

5 $a=6$ **6** $a=7$，他の解$x=-8$

7 $a=7$，もう1つの解$x=5$ **8** -4

解説

1 (1) $(x-3)^2=9$

$x-3=\pm3$

$x=3\pm3$

$x=0,\ 6$

(2) $(x+8)^2=2$

$x+8=\pm\sqrt{2}$

$x=-8\pm\sqrt{2}$

(3) $(x+3)^2=12$

$x+3=\pm\sqrt{12}$

$x=-3\pm2\sqrt{3}$

(4) $(x-1)^2=15$

$x-1=\pm\sqrt{15}$

$x=1\pm\sqrt{15}$

(5) $(x-2)^2-5=0$

$(x-2)^2=5$

$x-2=\pm\sqrt{5}$

$x=2\pm\sqrt{5}$

(6) $(x+1)^2-16=0$

$(x+1)^2=16$

$x+1=\pm4$

$x=-1\pm4$

$x=-5,\ 3$

2 (1) $x^2-7x-18=0$

$(x-9)(x+2)=0$

$x=9,\ -2$

(2) $x^2+5x-14=0$

$(x+7)(x-2)=0$

$x=-7,\ 2$

(3) $x^2+2x-35=0$

$(x+7)(x-5)=0$

$x=-7,\ 5$

(4) $x^2-7x+12=0$

$(x-3)(x-4)=0$

$x=3,\ 4$

(5) $x^2-4x=0$

$x(x-4)=0$

$x=0,\ 4$

(6) $x^2+2x-24=0$

$(x+6)(x-4)=0$

$x=-6,\ 4$

(7) $x^2-12x-28=0$

$(x-14)(x+2)=0$

$x=14,\ -2$

(8) $x^2-6x+9=0$

$(x-3)^2=0$

$x-3=0$

$x=3$

(9) $x^2-11x+28=0$

$(x-7)(x-4)=0$

$x=7,\ 4$

(10) $x^2-x-42=0$

$(x-7)(x+6)=0$

$x=7,\ -6$

(11) $x^2+4x-12=0$

$(x+6)(x-2)=0$

$x=-6,\ 2$

(12) $x^2+3x-4=0$

$(x+4)(x-1)=0$

$x=-4,\ 1$

(13) $x^2-2x-24=0$

$(x-6)(x+4)=0$

$x=6,\ -4$

(14) $x^2-12x+35=0$

$(x-7)(x-5)=0$

$x=7,\ 5$

3 (1) $x^2-3x-2=0$

$$x=\frac{-(-3)\pm\sqrt{(-3)^2-4\times1\times(-2)}}{2\times1}$$

$$=\frac{3\pm\sqrt{9+8}}{2}=\frac{3\pm\sqrt{17}}{2}$$

(2) $2x^2-5x+1=0$

$$x=\frac{-(-5)\pm\sqrt{(-5)^2-4\times2\times1}}{2\times2}$$

$$=\frac{5\pm\sqrt{25-8}}{4}=\frac{5\pm\sqrt{17}}{4}$$

(3) $x^2+5x+3=0$

$$x=\frac{-5\pm\sqrt{5^2-4\times1\times3}}{2\times1}=\frac{-5\pm\sqrt{25-12}}{2}$$

$$=\frac{-5\pm\sqrt{13}}{2}$$

(4) $x^2-3x-1=0$

$$x=\frac{-(-3)\pm\sqrt{(-3)^2-4\times1\times(-1)}}{2\times1}$$

$$=\frac{3\pm\sqrt{9+4}}{2}=\frac{3\pm\sqrt{13}}{2}$$

(5) $x^2+3x-5=0$

$$x=\frac{-3\pm\sqrt{3^2-4\times1\times(-5)}}{2\times1}$$

$$=\frac{-3\pm\sqrt{9+20}}{2}=\frac{-3\pm\sqrt{29}}{2}$$

(6) $x^2+3x+1=0$

$$x=\frac{-3\pm\sqrt{3^2-4\times1\times1}}{2\times1}=\frac{-3\pm\sqrt{9-4}}{2}$$

$$=\frac{-3\pm\sqrt{5}}{2}$$

(7) $x^2-x-1=0$

$$x=\frac{-(-1)\pm\sqrt{(-1)^2-4\times1\times(-1)}}{2\times1}$$

$$=\frac{1\pm\sqrt{1+4}}{2}=\frac{1\pm\sqrt{5}}{2}$$

(8) $3x^2-5x+1=0$

$$x=\frac{-(-5)\pm\sqrt{(-5)^2-4\times3\times1}}{2\times3}$$

$$=\frac{5\pm\sqrt{25-12}}{6}=\frac{5\pm\sqrt{13}}{6}$$

(9) $3x^2-x-1=0$

$$x=\frac{-(-1)\pm\sqrt{(-1)^2-4\times3\times(-1)}}{2\times3}$$

$$=\frac{1\pm\sqrt{1+12}}{6}=\frac{1\pm\sqrt{13}}{6}$$

(10) $5x^2+4x-1=0$

$$x=\frac{-4\pm\sqrt{4^2-4\times5\times(-1)}}{2\times5}$$

$$=\frac{-4\pm\sqrt{16+20}}{10}=\frac{-4\pm6}{10}$$

$x=-1,\ \frac{1}{5}$

(11) $x^2-7x+11=0$

$$x=\frac{-(-7)\pm\sqrt{(-7)^2-4\times1\times11}}{2\times1}$$

$$=\frac{7\pm\sqrt{49-44}}{2}=\frac{7\pm\sqrt{5}}{2}$$

(12) $2x^2-5x+1=0$

$$x=\frac{-(-5)\pm\sqrt{(-5)^2-4\times2\times1}}{2\times2}$$

$$=\frac{5\pm\sqrt{25-8}}{4}=\frac{5\pm\sqrt{17}}{4}$$

(13) $4x^2+6x-1=0$

$$x=\frac{-6\pm\sqrt{6^2-4\times4\times(-1)}}{2\times4}$$

$$=\frac{-6\pm\sqrt{36+16}}{8}$$

$$=\frac{-6\pm2\sqrt{13}}{8}=\frac{-3\pm\sqrt{13}}{4}$$

(14) $2x^2-3x-3=0$

$$x=\frac{-(-3)\pm\sqrt{(-3)^2-4\times2\times(-3)}}{2\times2}$$

$$=\frac{3\pm\sqrt{9+24}}{4}=\frac{3\pm\sqrt{33}}{4}$$

4 (1) $x^2-10x=-21$

$x^2-10x+21=0$

$(x-3)(x-7)=0$

$x=3,\ 7$

(2) $x^2-5x=6$

$x^2-5x-6=0$

$(x-6)(x+1)=0$

$x=6,\ -1$

(3) $(x-2)(x-3)=38-x$

$x^2-5x+6=38-x$

$x^2-4x-32=0$

$(x-8)(x+4)=0$

$x=8,\ -4$

(4) $2x(x-1)-3=x^2$

$2x^2-2x-3=x^2$

$x^2-2x-3=0$

$(x-3)(x+1)=0$

$x=3,\ -1$

(5) $5(2-x)=(x-4)(x+2)$

$10-5x=x^2-2x-8$

$x^2+3x-18=0$

$(x+6)(x-3)=0$

$x=-6,\ 3$

(6) $2x^2+5x+3=x^2+6x+6$

$x^2-x-3=0$

$$x=\frac{-(-1)\pm\sqrt{(-1)^2-4\times1\times(-3)}}{2\times1}$$

$$=\frac{1\pm\sqrt{1+12}}{2}=\frac{1\pm\sqrt{13}}{2}$$

5 $x^2-ax-27=0$に$x=-3$を代入すると,

$(-3)^2-a\times(-3)-27=0$

$9+3a-27=0$

$3a=18$

$a=6$

6 $x^2+ax-8=0$に$x=1$を代入すると,

$1^2+a\times1-8=0$

$1+a-8=0$

$a=7$

よって，もとの2次方程式は,

$x^2+7x-8=0$

これを解くと,

$(x+8)(x-1)=0$

$x=-8,\ 1$

よって，他の解は，$x=-8$

7 $x^2-8x+2a+1=0$に$x=3$を代入すると,

$3^2-8\times3+2a+1=0$

$9-24+2a+1=0$

$2a=14$

$a=7$

よって，もとの2次方程式は,

$x^2-8x+15=0$

これを解くと,

$(x-3)(x-5)=0$

$x=3,\ 5$

よって，もう１つの解は，$x=5$

8 $x^2-2x+a=0$より,

$x(x-2)+a=0$だから，これに$x=1+\sqrt{5}$を代入すると,

$(1+\sqrt{5})(1+\sqrt{5}-2)+a=0$

$(1+\sqrt{5})(\sqrt{5}-1)+a=0$

$(\sqrt{5}+1)(\sqrt{5}-1)+a=0$

$5-1+a=0$

$a=-4$

方程式編 でる順 2位

1次方程式・連立方程式の利用

入試問題で実力チェック！ ➡本冊P.29~31

1 20分後

2 男子生徒20人，女子生徒16人

3
$$\begin{cases}2x+5y=3800 & \cdots① \\ 0.8(5x+10y)=6800 & \cdots②\end{cases}$$

②÷4より，$x+2y=1700$ …③

①−③×2より，$y=400$

③に代入して，$x+800=1700$

$x=900$

この解は，問題に適している。

よって，大人900円，子ども400円

4 168人

5 そうたさんが勝った回数をx回とすると，あいこの回数は8回だから，負けた回数は$22-x$(回)と表せる。よって，もらえるメダルの重さの関係から,

$5\times2\times x+4\times(22-x)+(5+4)\times8$
$=232$

$10x+88-4x+72=232$

$6x=232-160$

$6x=72$

$x=12$

よって，そうたさんが勝った回数は12回で，ゆうなさんが勝った回数は，$22-12=10$(回)である。これは問題に適している。

そうたさんが勝った回数　12回

ゆうなさんが勝った回数　10回

6 (1) $0.75x+0.66y$(人)

(2)「ある」と回答した生徒は，女子の方が男子よりも3人多かったので,

$0.66y-0.75x=3$ …①

また，「ある」と回答した生徒の人数は,

3年生全員から見て70%なので,

$0.7(x+y)=0.75x+0.66y$ …②

①より, $66y-75x=300$

$22y-25x=100$ …①′

②より, $70(x+y)=75x+66y$

$70x+70y=75x+66y$

$4y=5x$ …②′

②′より, $x=\frac{4}{5}y$だから,

これを①′に代入して,

$22y-20y=100$

$2y=100$

$y=50$

これを②′に代入して, $x=40$

これは問題に適している。

よって, 3年生全員の人数は,

$40+50=90$(人)である。

7 (1) $10a+8b+40$(分)

(2) 28分

(3)(ⅰ) $\begin{cases} y=1.6x \\ 6x+4y+4\times 8+40=320 \end{cases}$

(ⅱ) 20分

解説

1 水を入れ始めてからx分後に水そうが満水になるとすると,

$15x=10\times 30$

$x=20$

これは問題に適している。よって, 水そうが満水になるのは水を入れ始めてから20分後

2 男子生徒をx人, 女子生徒をy人とすると, クラスの人数の合計について,

$x+y=36$ …①

自転車通学の人数について,

$\frac{60}{100}x+\frac{75}{100}y=24$ …②

②を整理すると,

$4x+5y=160$ …②′

①×5−②′より,

$$\begin{array}{r} 5x+5y=180 \\ -)\ 4x+5y=160 \\ \hline x \quad\ \ =20 \end{array}$$

①に代入すると, $y=16$

求めたx, yの値は問題に適している。よって, 男子生徒は20人, 女子生徒は16人である。

3 運賃の合計について,

$2x+5y=3800$

団体割引が適用された運賃の合計について,

$0.8(5x+10y)=6800$

4 はじめに体験学習Aを希望した生徒の人数をx人とすると, はじめに体験学習Bを希望した生徒の人数は$2x$人と表せるから, 希望を変更した後のA, Bの人数について,

$(x+14):(2x-14)=5:7$

$7x+98=10x-70$

$-3x=-168$

$3x=168$

体験学習に参加する生徒の人数は, $x+2x=3x$(人)だから, 168人である。これは問題に適している。

6 (1)帯グラフから読みとれる地域清掃活動に参加したことが「ある」と回答した生徒は, 男子が3年生男子の75%で女子が3年生女子の66%だから, $0.75x+0.66y$(人)と表せる。

7 (1)10試合行うとき, 試合の間の時間はb分の入れかわりの時間が8回と昼休憩1回だから, 試合開始から終了までの時間の合計は, $10a+8b+40$(分)と表せる。

(2)(1)の式で$b=5$とすると, 最初の試合が開始してから最後の試合が終了するまでは6時間, つまり360分なので,

$10a+8\times 5+40=360$

$10a+40+40=360$

$10a=280$

$a=28$

これは問題に適している。よって, 試合時間は28分である。

(3)(ⅰ)サッカーの試合数は6試合だから, 入れかわりの時間は5回あり, ソフトボールの試合数は4試合だから, 入れかわりの時間は3回ある。このことと, 試合開始から試合終了までの時間が5時間20分, つまり320分であることから,

$6x+4y+4\times(5+3)+40=320$ …①

また, ソフトボールの試合時間はサッカーの試合時間の1.6倍だから,

$y=1.6x$ …②

よって，①と②の連立方程式をつくればよい。

(ⅱ)①より，$6x+4y=248$

$3x+2y=124$ …①′

②を①′に代入して，

$6.2x=124$

$x=20$

これは問題に適している。よって，サッカー1試合の時間は20分である。

関数編 でる順 1位

1次関数

入試問題で実力チェック！ →本冊P.33~35

1 ウ　**2** ウ

3 $a=-5$　**4** $y=4x-7$

5 (1)$a=6$　(2)$b=-\frac{5}{3}$　**6** $y=10$

7 等式：$a+\frac{b}{2}=12$，$a=11$，$b=2$

8 $-\frac{11}{3}$，-2，1(順不同可)

9 (1)分速70m　(2)$y=-70x+1400$

(3)700m　(4)9分40秒

解説

1 **ア**　$y=-3x+5$に$x=-3$を代入すると，$y=-3\times(-3)+5=14$となるので，$y=-3x+5$のグラフの$x=-3$における点は$(-3,\ 14)$となる。したがって，$y=-3x+5$は点$(-3,\ 5)$を通らない。

イ　xの値が2倍になるとき，yの値も2倍になるのは$y=ax$と表せるときである。$y=-3x+5$の切片は5なので，$y=ax$と表せないことから，xの値が2倍になるとき，yの値は2倍にはならない。

ウ　$y=-3x+5$は$x=1$のとき，

$y=-3\times1+5=2$

$x=2$のとき，$y=-3\times2+5=-1$

したがって，xの変域が$1\leqq x\leqq2$のとき，yの変域は$-1\leqq y\leqq2$となる。

エ　$y=-3x+5$の傾きは-3だから，xの値が1から3まで変わるときxの増加量は2なので，yの増加量は$-3\times2=-6$である。

以上より，**ウ**が正しい。

2 $y=2x-3$は，傾き2が正の数であるから，右上がりの直線となる。また，切片は-3の負の数であるから，この直線はy軸の負の部分と交わる。

3 $y=\frac{1}{5}x+3$に，$x=a$，$y=2$を代入すると，

$2=\frac{1}{5}a+3$，$\frac{1}{5}a=-1$，$a=-5$

4 変化の割合(傾き)が4であるので，1次関数の式を$y=4x+b$とする。(5，13)を通るので，$x=5$，$y=13$を代入すると，

$13=4\times5+b$

$13=20+b$

$b=-7$

よって，$y=4x-7$

5 (1)点Aは$y=x+5$上の点で，x座標が1だから，$x=1$を代入して，$y=1+5$なので，$y=6$

したがって，A(1，6)である。

また，点Aは$y=\frac{a}{x}$上の点だから，$x=1$，$y=6$を代入して，$6=\frac{a}{1}$より，$a=6$

(2)点Cは$y=x+5$とx軸との交点だから，$y=0$を代入して，$0=x+5$なので，

$x=-5$

したがって，C$(-5,\ 0)$である。

点Cは$y=-\frac{1}{3}x+b$上の点だから，$x=-5$，$y=0$を代入して，$0=-\frac{1}{3}\times(-5)+b$より，$b=-\frac{5}{3}$

6 2点$(-3,\ -8)$，$(1,\ 4)$を通る直線の傾きは$\frac{4-(-8)}{1-(-3)}=3$なので，この直線をℓとすると，直線ℓは$y=3x+b$と表される。点$(-3,\ -8)$を通るから，$x=-3$，$y=-8$を代入すると，$-8=3\times(-3)+b$となるので，$b=1$

したがって，直線ℓは$y=3x+1$と表される。

この式に，$x=3$を代入して，$y=3\times3+1=10$

7 点Pは$y=-x+a$とx軸との交点なので，$y=0$を代入して，$0=-x+a$となり，$x=a$より，P$(a,\ 0)$である。

点Qは$y=2x+b$とx軸との交点なので，$y=0$を代入して，$0=2x+b$となり，

$x=-\frac{b}{2}$より，Q$\left(-\frac{b}{2},\ 0\right)$である。

PQ$=a-\left(-\frac{b}{2}\right)=a+\frac{b}{2}$だから，PQ$=12$より，

$a+\frac{b}{2}=12$　…①

$a-b=9$　…②

①×2＋②より，$3a=33$だから，$a=11$

②に代入して，$11-b=9$より，$b=2$

8 ①と③，または②と③が平行になるときは三角形ができない。そのとき，$a=1,\ -2$である。
また，3つの直線が1点で交わるときも三角形ができない。

①と②の交点のx座標は，

$x-6=-2x+3$

$3x=9$

$x=3$

y座標は$y=x-6$に$x=3$を代入すると，
$y=3-6=-3$であり，この交点$(3,\ -3)$を③が通るとき，

$-3=3a+8$

$-3a=11$

$a=-\frac{11}{3}$

よって，$a=-\frac{11}{3},\ -2,\ 1$のとき，三角形ができない。

9 (1)14分で980m歩いているので，
$980\div14=70$より，分速70m

(2)2点$(6,\ 980)$，$(20,\ 0)$を通るから，直線の傾きは，$\frac{0-980}{20-6}=-70$なので，この直線は$y=-70x+b$と表される。点$(20,\ 0)$を通るから，$x=20$，$y=0$を代入すると，$0=-70\times20+b$となるので，$b=1400$
よって，$y=-70x+1400$

(3)Aさんについてyをxの式で表すと，

$y=70x$

Bさんについてyをxの式で表すと，

$y=-70x+1400$

したがって，$70x=-70x+1400$より，$x=10$
よって，すれちがったのはP地点から，
$70\times10=700$(m)の地点である。

(4)9時12分にAさんはP地点から，
$70\times12=840$(m)の地点，BさんはP地点から，$-70\times12+1400=560$(m)の地点にいるので，この中間地点にCさんがいることとなる。中間地点はP地点から
$(840+560)\div2=700$(m)の地点となる。
Cさんが分速300mで700m進むには$700\div300=\frac{7}{3}$(分)＝2分20秒かかる。Cさんは9時12分にP地点から700mの地点にいるので，図書館に立ち寄っていた時間は，12分－2分20秒＝9分40秒である。なお，Cさんが出発してから2分後の地点に図書館があることから，9時2分から9時11分40秒までの9分40秒間図書館に立ち寄り，その後再び自転車に乗って20秒走ったことになる。

関数編
でる順 2位

関数$y=ax^2$

入試問題で実力チェック！ →本冊P.37~39

1 (1)$y=3x^2$　(2)$y=\frac{1}{4}x^2$　**2** $a=\frac{1}{3}$

3 (1)$a=\frac{4}{9}$

(2)Bのy座標は，

$y=\frac{4}{9}\times2^2=\frac{16}{9}$

となり，B$\left(2,\ \frac{16}{9}\right)$

直線ABの傾きは，

$\left(\frac{16}{9}-4\right)\div\{2-(-3)\}$

$=\left(-\frac{20}{9}\right)\times\frac{1}{5}=-\frac{4}{9}$

直線ℓの式を$y=-\frac{4}{9}x+b$とすると，

A$(-3,\ 4)$を通るので，

$4=-\frac{4}{9}\times(-3)+b$

$4=\frac{4}{3}+b$

$b=4-\frac{4}{3}=\frac{8}{3}$

よって，直線ℓの式は，$y=-\frac{4}{9}x+\frac{8}{3}$

4 $y=3x$

5 (1)$y=2$　(2)$y=x+4$　(3)12

(4)①$\frac{1}{2}t^2-t-4$　②$t=12$

6 $a=\frac{1}{9}$

7 (1)-5　(2)ア，エ　(3)$y=\frac{2}{3}x^2$

8 (1)$a=1$　(2)①10　②$t=\frac{1+\sqrt{5}}{2}$

解説

1 (1)$y=ax^2$とすると，

$12=a\times2^2$

$12=4a$

$a=3$

よって，$y=3x^2$

(2)$y=ax^2$とすると，

$1=a\times2^2$

$1=4a$

$a=\frac{1}{4}$

よって，$y=\frac{1}{4}x^2$

2 曲線は(3，3)を通るので，

$3=a\times3^2$

$3=9a$

$a=\frac{1}{3}$

3 (1)mはA$(-3,\ 4)$を通るので，

$4=a\times(-3)^2$

$a=\frac{4}{9}$

4 2点A，Bは関数$y=x^2$のグラフ上の点で，x座標がそれぞれ-3，6だから，

$x=-3$を代入して，$y=(-3)^2=9$だから，

A$(-3,\ 9)$

$x=6$を代入して，$y=6^2=36$だから，

B(6，36)

直線ABの傾きは$\frac{36-9}{6-(-3)}=3$

求める直線の式は，原点を通る傾き3の直線だから，$y=3x$

5 (1)点Aのx座標は-2だから，

$x=-2$を$y=\frac{1}{2}x^2$に代入して，

$y=\frac{1}{2}\times(-2)^2=2$

(2)(1)より，A$(-2,\ 2)$

点Bのx座標は4だから，

$x=4$を$y=\frac{1}{2}x^2$に代入して，

$y=\frac{1}{2}\times4^2=8$だから，B(4，8)

直線ABの傾きは，$\frac{8-2}{4-(-2)}=1$だから，

直線ABは$y=x+b$と表せる。直線ABはA$(-2,\ 2)$を通るから，この式に$x=-2$，$y=2$を代入して，$2=-2+b$より，$b=4$

したがって，$y=x+4$

(3)点(0，4)を点Hとすると，

△OAB＝△OAH＋△OBH

△OAHの底辺をOHとすると，OH＝4，

A$(-2,\ 2)$より，高さは2

△OBHの底辺をOHとすると，OH＝4，

B(4，8)より，高さは4

したがって，

$\triangle\mathrm{OAB}=\frac{1}{2}\times4\times2+\frac{1}{2}\times4\times4=12$

(4)①直線$x=t$と$y=\frac{1}{2}x^2$との交点のy座標は，

$x=t$を代入して，$y=\frac{1}{2}t^2$

直線ABは$y=x+4$であるから，

直線$x=t$と$y=x+4$との交点のy座標は，

$x=t$を代入して，$y=t+4$

PQは点Pと点Qのy座標の差だから，

$\mathrm{PQ}=\frac{1}{2}t^2-(t+4)=\frac{1}{2}t^2-t-4$

②点Rのy座標は，$y=0$だから，

$\mathrm{QR}=t+4$

PQ：QR＝7：2だから，

$\left(\frac{1}{2}t^2-t-4\right):(t+4)=7:2$なので，

$7(t+4)=2\left(\frac{1}{2}t^2-t-4\right)$

$7t+28=t^2-2t-8$

$t^2-9t-36=0$

$(t+3)(t-12)=0$

$t=-3,\ 12$

$t>4$より，$t=12$

6 Aのy座標は，$y=3^2=9$

よって，A(3, 9)であるから，P(0, 9)
OP＝PQ＝9なので，Q(9, 9)である。
$x=9$，$y=9$を$y=ax^2$に代入すると，
$9=a\times9^2$
$9=81a$
$a=\frac{1}{9}$

7 (1) $y=ax^2$とx軸について対称なグラフは$y=-ax^2$だから，$y=5x^2$とx軸について対称なグラフは$y=-5x^2$である。

(2) **ア**：関数$y=-\frac{3}{4}x^2$のグラフは曲線なので，変化の割合は一定ではない。したがって，**ア**は正しい。

イ：関数$y=-\frac{3}{4}x^2$のグラフは，下に開いた形をした放物線であり，$x<0$において，xの値が増加するときはyの値も増加する。したがって，**イ**は正しくない。

ウ：関数$y=-\frac{3}{4}x^2$のグラフは，$x=0$のとき，$y=0$となるので，yの値が負であるとは限らない。したがって，**ウ**は正しくない。

エ：関数$y=ax^2$のaの絶対値が大きくなると，開き方は小さくなり，絶対値が小さくなると，開き方は大きくなる。
$-\frac{3}{4}$の絶対値は-1の絶対値より小さいから，グラフの開き方は，関数$y=-\frac{3}{4}x^2$のグラフの方が，関数$y=-x^2$のグラフより大きい。したがって，**エ**は正しい。

(3) 点Aのx座標は4だから，$x=4$を$y=-\frac{1}{2}x^2$に代入して，$y=-\frac{1}{2}\times4^2=-8$だから，
A(4, −8)である。
直線AOは原点(0, 0)を通る直線なので，$y=ax$と表される。
$x=4$，$y=-8$を代入して，
$-8=a\times4$より，$a=-2$
点Bは$y=-2x$上の点であり，x座標が-3だから，$y=-2\times(-3)=6$
よって，B(−3, 6)である。
また，②の放物線の式は$y=bx^2$と表され，点Bはこの放物線上の点なので，$x=-3$，$y=6$を代入して，$6=b\times(-3)^2$より，$b=\frac{2}{3}$となる。

したがって，求める式は$y=\frac{2}{3}x^2$である。

8 (1) 点Aは関数$y=2x+3$のグラフ上の点でx座標が-1だから，
$x=-1$を代入して，$y=2\times(-1)+3$より，$y=1$なので，A(−1, 1)
点Aは関数$y=ax^2$上の点でもあるので，$x=-1$，$y=1$を代入して，$1=a\times(-1)^2$より，$a=1$

(2) ①点Pは関数$y=2x+3$のグラフ上の点であり，x座標は1だから，$y=2x+3$に$x=1$を代入して，$y=2\times1+3$より，$y=5$
よって，P(1, 5)
関数$y=ax^2$は(1)より，$y=x^2$である。
直線mは点Pを通り，y軸に平行な直線だから直線mは$x=1$と表される。
点Qは直線m上の点だから，点Qのx座標は1であり，これを$y=x^2$に代入して，$y=1^2=1$なので，Q(1, 1)
点SはP(1, 5)を通りx軸に平行な直線とy軸との交点だから，S(0, 5)
点TはQ(1, 1)を通りx軸に平行な直線とy軸との交点だから，T(0, 1)
以上より，
P(1, 5)，Q(1, 1)，S(0, 5)，T(0, 1)
点SとTはx座標が同じだから，
ST＝5−1＝4
同様にして，TQ＝1−0＝1
したがって，
(長方形STQPの周の長さ)＝
(ST＋TQ)×2＝(4＋1)×2＝10

②点Pは関数$y=2x+3$のグラフ上の点であり，x座標はtだから，P(t, $2t+3$)と表される。
関数$y=ax^2$は(1)より，$y=x^2$である。
点Qは直線m上の点だから，点Qのx座標はtであり，これを$y=x^2$に代入して，$y=t^2$なので，Q(t, t^2)と表される。
点Rは直線mとx軸との交点だから，R(t, 0)と表される。
点SはP(t, $2t+3$)を通りx軸に平行な直線とy軸との交点だから，

$S(0,\ 2t+3)$と表される。

点Tは$Q(t,\ t^2)$を通りx軸に平行な直線とy軸との交点だから，$T(0,\ t^2)$と表される。

以上より，$P(t,\ 2t+3)$，$Q(t,\ t^2)$，$R(t,\ 0)$，$S(0,\ 2t+3)$，$T(0,\ t^2)$

したがって，

$ST=2t+3-t^2=-t^2+2t+3$

$TQ=t-0=t$

したがって，

(長方形STQPの周の長さ)

$=(ST+TQ)\times2$

$=(-t^2+2t+3+t)\times2$

$=-2t^2+6t+6$

また，$QR=t^2-0=t^2$なので，QRを1辺とする正方形の周の長さは$4t^2$

(長方形STQPの周の長さ)

=(正方形の周の長さ)だから，

$-2t^2+6t+6=4t^2$を解けばよい。

$6t^2-6t-6=0$の両辺を6でわって，

$t^2-t-1=0$

解の公式より，$t=\dfrac{1\pm\sqrt{5}}{2}$

$0<t<3$より，$t=\dfrac{1+\sqrt{5}}{2}$

関数編 でる順 3位

関数のグラフと図形の融合問題

入試問題で実力チェック！ ➡本冊P.41~43

1 (1)1　(2)$0\leqq y\leqq9$　(3)6

2 (1)$a=6$　(2)1　(3)4

(4)$y=-\dfrac{1}{2}x+4$

(5)(6, 9)，(−2, 1)(順不同可)

(6)(3, 0)

3 (1)エ　(2)$y=2x+3$　(3)6

4 (1)(−2, 2)　(2)$y=5x$　**5** $\dfrac{1}{3}$倍

6 (1)$a=\dfrac{1}{2}$，$t=-6$　(2)$b=-12$

(3)①(6, −2)　②$4\sqrt{2}$

③P(2, 2)，S(6, −2)だから，三平方の定理より，

$PS^2=(2-6)^2+\{2-(-2)\}^2$

$=(-4)^2+4^2=16+16=32$

また，$PR^2=\{2-(-6)\}^2=64$

$PR^2=PS^2+RS^2$となるので，三平方の定理の逆より，$\angle PSR=90°$

よって，$PS\perp RS$

7 (1)A(−2, 1)　(2)$y=\dfrac{1}{2}x+2$

(3)①C(8, 0)　②$D(1+\sqrt{5},\ 0)$

解説

1 (1)点Aのy座標は，$y=(-1)^2=1$

(2)最小値は$x=0$のとき，$y=0$

最大値は$x=3$のとき，$y=3^2=9$

よって，yの変域は，$0\leqq y\leqq9$

(3)直線ABは，A(−1, 1)，B(3, 9)を通ることから，傾きは，

$\dfrac{9-1}{3-(-1)}=\dfrac{8}{4}=2$

直線ABの式を$y=2x+b$とすると，

A(−1, 1)を通るので，

$1=2\times(-1)+b$

$1=-2+b$

$b=3$

よって，直線ABの式は，$y=2x+3$

直線ABとy軸との交点をCとすると，

C(0, 3)

$\triangle OAB=\triangle OAC+\triangle OBC$

$=\dfrac{1}{2}\times3\times1+\dfrac{1}{2}\times3\times3$

$=\dfrac{3}{2}+\dfrac{9}{2}=\dfrac{12}{2}=6$

2 (1)点Bの座標は(6, 1)であり，

関数$y=\dfrac{a}{x}$上の点だから，$x=6$，$y=1$を代入して，$1=\dfrac{a}{6}$より，$a=6$

(2)点Cのx座標は2なので，$y=\dfrac{1}{4}x^2$に$x=2$を代入して，$y=\dfrac{1}{4}\times2^2=1$

(3)A(2, 3)，B(6, 1)，C(2, 1)より，

2点A，Cのx座標は等しいので，2点A，Cのy座標の差をとり，$3-1=2$

2点B，Cのy座標は等しいので，2点B，Cのx座標の差をとり，$6-2=4$

また，△ABCは$\angle ACB=90°$の直角三角

形なので，

$$\triangle ABC=\frac{1}{2}\times AC\times BC=\frac{1}{2}\times 2\times 4=4$$

(4) 直線ABの傾きは$\frac{1-3}{6-2}=-\frac{1}{2}$なので，直線ABは$y=-\frac{1}{2}x+b$と表される。

この直線はA(2, 3)を通るから，

$x=2$，$y=3$を代入して，

$3=-\frac{1}{2}\times 2+b$より，$b=4$

したがって，$y=-\frac{1}{2}x+4$

(5) △ABCと△ACPの底辺をACとすると，2つの三角形の高さは等しくなり，面積も等しくなる。

このとき，△ABCの高さはBC＝4

A(2, 3)，C(2, 1)より，ACはy軸に平行な直線で$x=2$と表されるので，点Pのx座標をpとしたとき，$p-2=4$または$2-p=4$となれば，△ABC＝△ACPとなるから，

$p-2=4$より，$p=6$

$2-p=4$より，$p=-2$となる。

$p=6$のとき，$y=\frac{1}{4}x^2$に$x=6$を代入して，

$y=\frac{1}{4}\times 6^2=9$

$p=-2$のとき，$y=\frac{1}{4}x^2$に$x=-2$を代入して，$y=\frac{1}{4}\times(-2)^2=1$

したがって，点Pの座標は，(6, 9)，(−2, 1)

(6) 図のように，2点A，Bから，x軸に垂線をひき，x軸との交点をそれぞれ，A′，B′とする。また，点Qのx座標をqとして，Q(q, 0)とする。

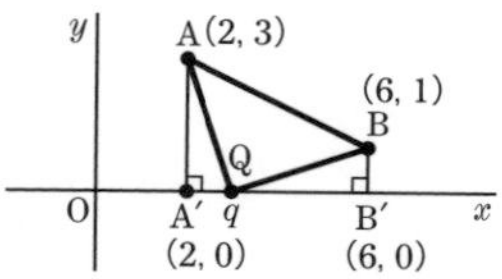

△ABQは底辺をABとする二等辺三角形だから，AQ＝BQとなればよい。△AA′Q，△BB′Qにおいて，三平方の定理より，

$AQ^2=AA'^2+A'Q^2=3^2+(q-2)^2$

$BQ^2=BB'^2+B'Q^2=1^2+(6-q)^2$

$AQ^2=BQ^2$だから，

$3^2+(q-2)^2=1^2+(6-q)^2$

$9+q^2-4q+4=1+36-12q+q^2$

$8q=24$より，$q=3$なので，Q(3, 0)

3 (1) 関数$y=ax^2$のグラフはaの絶対値が大きくなると，開き方は小さくなり，絶対値が小さくなると，開き方は大きくなる。関数$y=-\frac{1}{2}x^2$のグラフはaの値が負であるから，下に開く形をしている。

aの値が負である3つの関数$y=-x^2$，$y=-\frac{1}{2}x^2$，$y=-2x^2$のaの絶対値を比べると，$-\frac{1}{2}$の絶対値が最も小さいから，最も開き方が大きいグラフは**エ**である。

(2) **ア**のグラフは上に開いているから，**ア**は関数$y=x^2$のグラフである。

2点A，Cのx座標はそれぞれ−1，3であるから，Aについて，$x=-1$を代入して，

$y=(-1)^2=1$より，A(−1, 1)

Cについて，$x=3$を代入して，

$y=3^2=9$より，C(3, 9)

2点A，Cを通る直線の傾きは，

$\frac{9-1}{3-(-1)}=2$だから，直線ACは$y=2x+b$と表せる。この式に$x=-1$，$y=1$を代入して，$1=2\times(-1)+b$より，$b=3$

よって，直線ACの式は$y=2x+3$である。

(3) 点Bのx座標は2であるから，$y=x^2$に$x=2$を代入して，$y=2^2=4$だから，B(2, 4)

点Bから，y軸に垂線をひき，この垂線と直線ACとの交点をHとすると，Hのy座標は4だから，$y=2x+3$に$y=4$を代入して，

$4=2x+3$より，$x=\frac{1}{2}$である。

△ABHと△BCHについて，底辺をBHとすると，

△ABHの高さは，点Aと点Bのy座標の差なので，$4-1=3$

△BCHの高さは，点Bと点Cのy座標の差なので，$9-4=5$

また，BHは2点BとHのx座標の差だから，

$2-\frac{1}{2}=\frac{3}{2}$

よって，

$$\triangle ABC=\triangle ABH+\triangle BCH$$
$$=\frac{1}{2}\times\frac{3}{2}\times(3+5)=6$$

4 (1)2点A，Bはy軸について線対称であるので，点Aのx座標は-2である。y座標は，

$$y=\frac{1}{2}\times(-2)^2=2$$

よって，Aの座標は，$(-2,\ 2)$

(2)$AB=4$，$AB=DC$より，点Cのx座標は4，y座標は$y=\frac{1}{2}\times4^2=8$

平行四辺形ABCDの面積を2等分する直線は対角線の中点を通る。対角線の中点の座標は，$A(-2,\ 2)$，$C(4,\ 8)$より，

$$\left(\frac{-2+4}{2},\ \frac{2+8}{2}\right)=(1,\ 5)$$

求める直線の式を$y=ax$とすると，

$5=a\times1$

$a=5$

よって，$y=5x$

5 2点A，Bは関数$y=\frac{5}{x}$のグラフ上の点でx座標がそれぞれ1，3だから，

$x=1$を代入して，$y=\frac{5}{1}=5$より，$A(1,\ 5)$

$x=3$を代入して，$y=\frac{5}{3}$より，$B\left(3,\ \frac{5}{3}\right)$

点Cはx軸上の点で，点Aとx座標が等しいから，$C(1,\ 0)$

点Dはx軸上の点で，点Bとx座標が等しいから，$D(3,\ 0)$

直線OBは原点と点$B\left(3,\ \frac{5}{3}\right)$を通るから，

$y=\frac{5}{9}x$と表せる。点Eは直線OB上の点で，

x座標は1だから，$x=1$を代入して，$y=\frac{5}{9}$より，

$E\left(1,\ \frac{5}{9}\right)$

四角形ECDBはCE//DBの台形で，

$CE=\frac{5}{9}$，$BD=\frac{5}{3}$，高さは$CD=3-1=2$

よって，$\frac{1}{2}\times\left(\frac{5}{9}+\frac{5}{3}\right)\times2=\frac{20}{9}$

$\triangle AOB=\triangle AOE+\triangle ABE$

$\triangle AOE$と$\triangle ABE$の底辺をAEとすると，

$AE=5-\frac{5}{9}=\frac{40}{9}$

$\triangle AOE$の高さは$OC=1$

$\triangle ABE$の高さは$CD=3-1=2$

よって，

$\triangle AOB=\triangle AOE+\triangle ABE$

$=\frac{1}{2}\times AE\times OC+\frac{1}{2}\times AE\times CD$

$=\frac{1}{2}\times\frac{40}{9}\times1+\frac{1}{2}\times\frac{40}{9}\times2=\frac{60}{9}$

したがって，$\frac{20}{9}\div\frac{60}{9}=\frac{1}{3}$(倍)

6 (1)㋐のグラフはP(2，2)を通るので，

$2=a\times2^2$

$2=4a$

$a=\frac{1}{2}$

よって，㋐の式は，$y=\frac{1}{2}x^2$

点Qのy座標が18のとき，x座標は，

$18=\frac{1}{2}t^2$

$t=\pm6$

$t<0$より，$t=-6$

(2)$Q(-6,\ 18)$より，直線OQの式は，

$y=-3x$

直線OQと㋑のグラフの交点Rのx座標は点Pのx座標と同じであるので，2

$y=-3x$と$y=\frac{b}{x}$にそれぞれ$x=2$を代入すると，$-3\times2=\frac{b}{2}$となることから，

$b=-12$

(3)①$\triangle PRS$と$\triangle PQR$は底辺PRが共通なので，面積の比は，高さの比に等しい。

よって，点Sのx座標をs($s>2$のとき)とすると，

$(s-2):\{2-(-6)\}=1:2$

$(s-2):8=1:2$

$2(s-2)=8$

$2s-4=8$

$2s=12$

$s=6$

よって，点Sのy座標は$-\frac{12}{6}=-2$となるので，$S(6,\ -2)$

点SがPRの左側にあるとき，すなわち$0<s<2$のとき，x座標は点Pと点Qのx座標の中点なので，

$s=\frac{2+(-6)}{2}=-2$

となり，不適

②S(6, −2), R(2, −6)であるから，三平方の定理より，

$RS^2=(6-2)^2+\{(-2)-(-6)\}^2$
$=4^2+4^2=16+16=32$

RS＞0より，$RS=4\sqrt{2}$

7 (1)点Aのx座標は−2なので，$y=\frac{1}{4}x^2$に

$x=-2$を代入して，$y=\frac{1}{4}\times(-2)^2=1$

なので，A(−2, 1)

(2)点Bのx座標は4なので，$y=\frac{1}{4}x^2$に

$x=4$を代入して，$y=\frac{1}{4}\times4^2=4$なので，

B(4, 4)

直線ABの傾きは$\frac{4-1}{4-(-2)}=\frac{1}{2}$なので，

直線ABは$y=\frac{1}{2}x+b$と表される。

この直線はA(−2, 1)を通るから，

$x=-2$, $y=1$を代入して，

$1=\frac{1}{2}\times(-2)+b$より，$b=2$

したがって，$y=\frac{1}{2}x+2$

(3)①直線ABとy軸との交点をHとすると，

△OAB＝△OAH＋△OBH

H(0, 2)なので，△OAHと△OBHの底辺をOHとすると，OH＝2である。

HC′＝3OHとなる点C′をy軸上にとると，

2：HC′＝1：3，HC′＝6

△OAHの底辺をOH，△C′AHの底辺をHC′とすると，△OAHと△C′AHの高さは等しくなり，その面積比は1：3となる。

同様に△OBHと△C′BHの面積比も1：3となる。

よって，△OAB：△ABC′＝1：3となる。

点C′を通り直線ABに平行な直線とx軸との交点をCとすると，△ABC′と△ABCの面積は等しくなる。

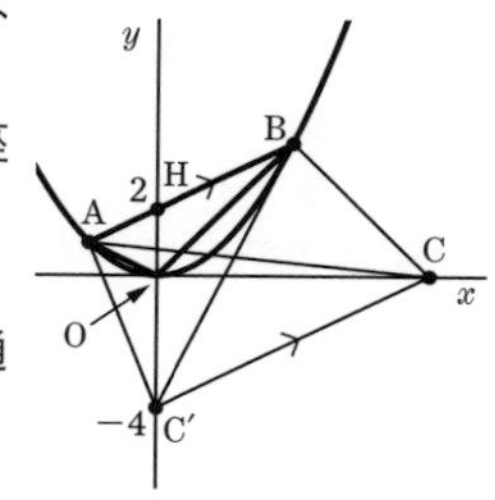

求める点Cのx座標は正なので，

HC′＝6より，

C′(−4, 0)を通り，

直線ABに平行な直線である傾き$\frac{1}{2}$の直線$y=\frac{1}{2}x-4$とx軸との交点がCとなるから，$y=0$を代入して，$x=8$

したがって，C(8, 0)

②△ABDが∠ADB＝90°の直角三角形となるとき，

△ABDについて，三平方の定理より，

$AB^2=AD^2+BD^2$

$AB^2=\{4-(-2)\}^2+(4-1)^2=45$

点Dはx軸上の点なので，D(d, 0)とすると，

$AD^2=\{d-(-2)\}^2+1^2$
$=d^2+4d+5$

$BD^2=(4-d)^2+4^2$
$=d^2-8d+32$

$AB^2=AD^2+BD^2$にそれぞれ代入して，

$45=(d^2+4d+5)+(d^2-8d+32)$

整理して，$2d^2-4d-8=0$

両辺を2でわって，$d^2-2d-4=0$

解の公式より，

$d=\frac{-(-2)\pm\sqrt{(-2)^2-4\times1\times(-4)}}{2\times1}$

$=1\pm\sqrt{5}$

$d>0$より，$d=1+\sqrt{5}$

したがって，D($1+\sqrt{5}$, 0)

関数編 でる順 4位

変域・変化の割合

入試問題で実力チェック！ ➡本冊P.45~47

1 $2\leqq y\leqq4$　**2** $1\leqq y\leqq7$

3 $-48\leqq y\leqq0$　**4** $0\leqq y\leqq9$

5 $0\leqq y\leqq8$　**6** 8

7 $a=4$　**8** $a=-4$

9 (1)$a=\frac{1}{3}$　(2)$0\leqq y\leqq\frac{16}{3}$

10 (1)$a=\frac{1}{4}$, $p=9$　(2)−1

11 $a=\frac{6}{5}$　**12** $a=3$

13 $a=-\frac{1}{2}$　**14** ウ　**15** $a=\frac{1}{3}$

16 (1)$0\leqq y\leqq8$　(2)$1\leqq a\leqq2$

解説

1 最小値は$x=6$のとき，$y=\frac{12}{6}=2$

最大値は$x=3$のとき，$y=\frac{12}{3}=4$

よって，yの変域は，$2\leqq y\leqq 4$

2 最小値は$x=-1$のとき, $y=2\times(-1)+3=1$
最大値は$x=2$のとき，$y=2\times 2+3=7$
よって，yの変域は，$1\leqq y\leqq 7$

3 最小値は$x=-4$のとき,
$y=-3\times(-4)^2=-48$
最大値は$x=0$のとき，$y=-3\times 0^2=0$
よって，yの変域は，$-48\leqq y\leqq 0$

4 最小値は$x=0$のとき，$y=0$
最大値は$x=3$のとき，$y=3^2=9$
よって，yの変域は，$0\leqq y\leqq 9$

5 最小値は$x=0$のとき，$y=0$

最大値は$x=4$のとき，$y=\frac{1}{2}\times 4^2=8$

よって，yの変域は，$0\leqq y\leqq 8$

6 $x=1$のとき，$y=2x^2$に代入して，
$y=2\times 1^2=2$
$x=3$のとき，$y=2x^2$に代入して，
$y=2\times 3^2=18$

よって変化の割合は，$\frac{18-2}{3-1}=8$

7 $y=16$のとき
$16=x^2$
$x=\pm 4$
したがって，$a=4$
このとき，xの変域は$-4\leqq x\leqq 4$となり,
$x=0$のとき最小値$y=0$となる。

8 $-36\leqq y\leqq 0$であるから，$y=ax^2$は下に開いたグラフとなり，$a<0$である。
$x=3$のとき最小値$y=-36$となるから,
$-36=a\times 3^2$
$a=-4$

9 (1)$y=ax^2$は$(6,\ 12)$を通るので,
$x=6$，$y=12$を代入して，

$12=a\times 6^2$より，$a=\frac{1}{3}$

(2)$a=\frac{1}{3}$だから,

最小値は$x=0$のとき，$y=\frac{1}{3}\times 0^2=0$

最大値は$x=-4$のとき,

$y=\frac{1}{3}\times(-4)^2=\frac{16}{3}$

よって，yの変域は，$0\leqq y\leqq\frac{16}{3}$

10 (1)㋐のグラフはB$(-4,\ 4)$を通るので,
$4=a\times(-4)^2$
$4=16a$
$a=\frac{1}{4}$

$x=6$のときの$y=\frac{1}{4}x^2$のグラフのy座標p

は，$p=\frac{1}{4}\times 6^2=9$

(2)$x=-4$のとき$y=4$，$x=0$のとき$y=0$より，変化の割合は,

$\frac{0-4}{0-(-4)}=-1$

11 $y=ax^2$は$x=1$のとき，$y=a\times 1^2=a$
$x=4$のとき，$y=a\times 4^2=16a$
したがって，xの値が1から4まで増加するときの変化の割合は,

$\frac{16a-a}{4-1}=5a$

$y=6x+5$の変化の割合は6なので,
$5a=6$
$a=\frac{6}{5}$

12 $y=\frac{1}{2}x^2$は，$x=1$のとき，$y=\frac{1}{2}\times 1^2=\frac{1}{2}$,

$x=5$のとき$y=\frac{1}{2}\times 5^2=\frac{25}{2}$

したがって，xの値が1から5まで増加するときの変化の割合は,

$\left(\frac{25}{2}-\frac{1}{2}\right)\div(5-1)=12\div 4=3$

これがaと等しいので，$a=3$

13 $y=ax^2$は$x=2$のとき，$y=a\times 2^2=4a$
$x=6$のとき，$y=a\times 6^2=36a$
したがって，xの値が2から6まで増加するときの変化の割合は,

$\frac{36a-4a}{6-2}=8a$

変化の割合は-4なので,
$8a=-4$
$a=-\frac{1}{2}$

14 関数$y=\frac{6}{x}$のグラフは反比例なので，変化の割合は一定とはならない。
したがって，誤っているものは**ウ**

15 $y=ax^2$のxの値が-2から4まで増加するときの変化の割合が，直線ABの傾きに等しい。
$y=ax^2$は，$x=-2$のとき，$y=a\times(-2)^2=4a$
$x=4$のとき，$y=a\times4^2=16a$
したがって，変化の割合は，
$\frac{16a-4a}{4-(-2)}=\frac{12a}{6}=2a$
$2a=\frac{2}{3}$であるから，$a=\frac{1}{3}$

16 (1)最小値は$x=0$のとき，$y=\frac{1}{2}\times0^2=0$
最大値は$x=-4$のとき，
$y=\frac{1}{2}\times(-4)^2=8$
よって，yの変域は，$0\leqq y\leqq8$
(2)点Aのx座標は-2だから，
$x=-2$を$y=\frac{1}{2}x^2$に代入して，
$y=\frac{1}{2}\times(-2)^2=2$より，A$(-2,\ 2)$
同様にして，B$(4,\ 8)$，C$(6,\ 18)$
直線ABの傾きは，$\frac{8-2}{4-(-2)}=1$
直線ACの傾きは，$\frac{18-2}{6-(-2)}=2$
したがって，$1\leqq a\leqq2$のとき，直線ℓは関数$y=\frac{1}{2}x^2$のグラフの点BからCの部分$(4\leqq x\leqq6)$と交わる。

図形編 でる順 1位 平面図形の長さ・面積

入試問題で実力チェック！ ➡本冊P.49~51

1 $5\sqrt{6}\text{cm}^2$

2 (1)6cm (2)$(2\pi-2\sqrt{3})\text{cm}^2$

3 (1)$3\sqrt{5}$cm (2)20cm^2 **4** 4：9

5 (1)$\sqrt{5}$cm (2)$\left(2+\frac{5}{4}\pi\right)\text{cm}^2$

6 (1)14cm^2
(2)①7：10 ②$\frac{10}{3}\text{cm}^2$
③21：13：17

7 (1)$3\sqrt{3}$cm (2)$\left(18\pi-\frac{27\sqrt{3}}{2}\right)\text{cm}^2$

8 (1)①$6\sqrt{3}$cm ②$48\sqrt{3}\text{cm}^2$
(2)△BCFと△HCGにおいて，
平行四辺形の対角は等しいので，
∠FBC＝∠GDA …①
折り返した角であるから，
∠GDA＝∠GHC …②
①，②より，∠FBC＝∠GHC …③
また，
∠FCB＝∠BCG－∠FCG …④
平行四辺形の対角は等しいので，
∠BCG＝∠FAD …⑤
折り返した角であるから，
∠FAD＝∠FCH …⑥
⑤，⑥より，∠BCG＝∠FCH …⑦
∠GCH＝∠FCH－∠FCG …⑧
⑦，⑧より，
∠GCH＝∠BCG－∠FCG …⑨
④，⑨より，∠FCB＝∠GCH …⑩
平行四辺形の対辺は等しいので，
BC＝DA …⑪
折り返した辺なので，
DA＝HC …⑫
⑪，⑫より，BC＝HC …⑬
③，⑩，⑬より，1組の辺とその両端の角がそれぞれ等しいので，
△BCF≡△HCG
(3)①$4\sqrt{3}x\text{cm}^2$
②$(12-2x)$cm
(または，$2\sqrt{x^2-4x+16}$cm)
③$14\sqrt{3}\text{cm}^2$

解説

1 △ABCで三平方の定理より，
$BC=\sqrt{7^2-5^2}=\sqrt{49-25}=\sqrt{24}$
$=2\sqrt{6}$(cm)
よって，
$\triangle ABC=\frac{1}{2}\times2\sqrt{6}\times5=5\sqrt{6}(\text{cm}^2)$

2 (1) 直線ABは円の接線だから，$\angle ABO=90°$ なので，$\triangle ABO$は内角を30°，60°，90°とする直角三角形である。したがって，3辺の比は，$OB:OA:AB=1:2:\sqrt{3}$であり，$OB=2$cmだから，$OB:OA=1:2$より，$OA=2OB=4$(cm)である。ODは円の半径だから，$OD=2$cmなので，

$AD=OA+OD=4+2=6$(cm)

(2) $\angle BOC=60°$で，半径より$OB=OC$なので，$\triangle OBC$は正三角形となる。$\angle OBC=\angle OCB=60°$であり，$OB=OC=BC=2$cmである。また，$\angle BOD=180°-\angle BOC=180°-60°=120°$であり，半径より，$OB=OD$なので，$\angle OBD=\angle ODB=(180°-120°)\div 2=30°$

よって，$\angle CBD=\angle OBC+\angle OBD=60°+30°=90°$となり，$\triangle BCD$は内角を30°，60°，90°とする直角三角形である。したがって，3辺の比は，$BC:CD:BD=1:2:\sqrt{3}$であり，$BC=2$cmだから，$BC:BD=1:\sqrt{3}$より，$BD=\sqrt{3}BC=2\sqrt{3}$(cm)である。

したがって，$\triangle BCD=\frac{1}{2}\times BC\times BD$

$=\frac{1}{2}\times 2\times 2\sqrt{3}=2\sqrt{3}$(cm^2)

半径2cmの半円の面積は，

$\pi\times 2^2\times\frac{1}{2}=2\pi$(cm^2)

よって，求める面積は$(2\pi-2\sqrt{3})$cm^{2}となる。

3 (1) 点E，F，Gから，BCに平行な線をひき，辺ABとの交点をそれぞれ，図のように，P，Q，Rと定める。また，点F，Gから，ABに平行な線をひき，辺BCとの交点をそれぞれ，図のように，S，Tと定める。

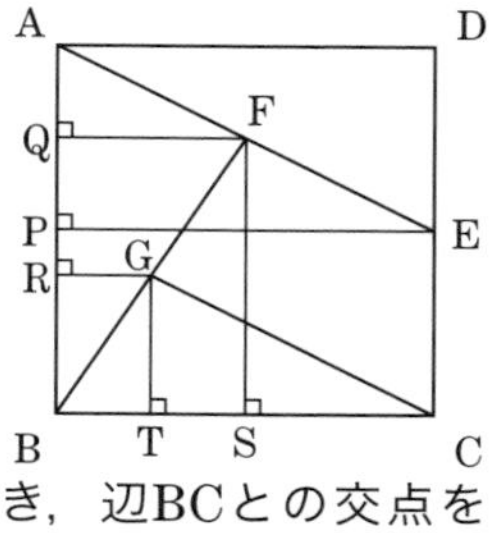

AP＝DEであり，点EはCDの中点だから，中点連結定理より，点PはABの中点となり，

$AP=AB\div 2=8\div 2=4$(cm)

点FはAEの中点なので，点QはAPの中点となるので，

$AQ=AP\div 2=4\div 2=2$(cm)

したがって，$BQ=AB-AQ=8-2=6$(cm)

同様にして，点GはBFの中点なので，点RはBQの中点となり，BR＝GTなので，

$GT=BR=BQ\div 2=6\div 2=3$(cm)

点FはAEの中点なので，点SはBCの中点となるので，

$CS=BS=BC\div 2=8\div 2=4$(cm)となる。

点GはBFの中点なので，点TはBSの中点となり，

$BT=BS\div 2=4\div 2=2$(cm)

$CT=BC-BT=8-2=6$(cm)

$\triangle CGT$において三平方の定理より，

$GC^2=GT^2+CT^2=3^2+6^2=45$

$GC>0$だから，$GC=3\sqrt{5}$(cm)

(2) $AB=8$cmだから，正方形ABCDの面積は，

$8^2=64$(cm^2)

$\triangle ADE=\frac{1}{2}\times AD\times DE=\frac{1}{2}\times 8\times 4=16$(cm^2)

$\triangle ABF=\frac{1}{2}\times AB\times FQ=\frac{1}{2}\times 8\times 4=16$(cm^2)

$\triangle BCG=\frac{1}{2}\times BC\times GT=\frac{1}{2}\times 8\times 3=12$(cm^2)

四角形FGCEの面積は，正方形ABCDから，$\triangle ADE$，$\triangle ABF$，$\triangle BCG$をひいたものだから，

$64-16-16-12=20$(cm^2)

4 2つの正三角形F，Gは相似であり，相似比は2：3であるので，面積の比は，

$2^2:3^2=4:9$

5 (1) $\triangle ABC$で三平方の定理より，

$AC=\sqrt{2^2+1^2}=\sqrt{4+1}=\sqrt{5}$(cm)

(2) DCがCを中心に回転してD′Cになったのだから，90°回転している。よって，$\angle ACA'=90°$である。

したがって，斜線部分の面積は，

$\triangle ABC$＋おうぎ形CAA′＋$\triangle CA'D'$

$=\frac{1}{2}\times 1\times 2+\pi\times(\sqrt{5})^2\times\frac{90}{360}+\frac{1}{2}\times 2\times 1$

$=2+\frac{5}{4}\pi$(cm^2)

6 (1) 四角形ABCDは平行四辺形だから，

$CD=AB=5$cm

$AE=AD-DE=10-3=7$(cm)

$\triangle CDE$において，三平方の定理より，

$CD^2=CE^2+DE^2$なので,
$5^2=CE^2+3^2$より,
$CE^2=5^2-3^2=16$
$CE>0$なので, $CE=4$(cm)
したがって,

$$\triangle ACE=\frac{1}{2}\times AE\times CE=\frac{1}{2}\times 7\times 4$$
$$=14(\text{cm}^2)$$

(2)①四角形ABCDは平行四辺形だから,
AD//BCであり, 錯角は等しいので,
$\angle HAE=\angle HCB$, $\angle HEA=\angle HBC$
△AHEと△CHBは2組の角がそれぞれ等しいので, △AHE∽△CHB
したがって,
AH：HC＝AE：CB＝7：10

②△AGDと△CGFは相似なので,
AD：CF＝AG：CG
AD//FCであり, 錯角は等しいので,
$\angle ADF=\angle DFC=\angle CDF$
△CFDは二等辺三角形でCF＝CD＝5cmとなる。
また, △DGAの底辺をADとしたときの高さと, △CGFの底辺をCFとしたときの高さの比も2：1となる。
△CGFと△DGAの高さの和は,
CE＝4cmなので, △CGFの高さは,
$4\times\frac{1}{2+1}=\frac{4}{3}$(cm)となる。
したがって,

$$\triangle CGF=\frac{1}{2}\times 5\times\frac{4}{3}=\frac{10}{3}(\text{cm}^2)$$

③AH：HC＝7：10より, 7＋10＝17
AG：GC＝2：1より, 2＋1＝3
ACの長さの比を17×3＝51として考えると,
AH：HC＝7：10
＝(7×3)：(10×3)＝21：30
AG：GC＝2：1
＝(2×17)：(1×17)＝34：17
よって,
AH：HG：GC
＝AH：(AG－AH)：GC
＝21：(34－21)：17
＝21：13：17

7 (1)AFは小さい半円の接線であるので,
$\angle OFA=90°$
△OFAで三平方の定理より,
$AF=\sqrt{6^2-3^2}=\sqrt{27}=3\sqrt{3}$ (cm)

(2)△OFAは, 辺の比が
$6:3:3\sqrt{3}=2:1:\sqrt{3}$の直角三角形になるので, $\angle OAF=30°$
よって, △EDAは $\angle EAD=30°$ の直角三角形である。
AD＝6＋3＝9(cm) であるから,
$DE:AD=1:\sqrt{3}$
$DE:9=1:\sqrt{3}$
$\sqrt{3}DE=9$

$$DE=\frac{9}{\sqrt{3}}=\frac{9\times\sqrt{3}}{\sqrt{3}\times\sqrt{3}}=\frac{9\sqrt{3}}{3}=3\sqrt{3}(\text{cm})$$

したがって, 灰色部分の面積は,
大きい半円－△EDA

$$=\pi\times 6^2\times\frac{1}{2}-\frac{1}{2}\times 9\times 3\sqrt{3}$$
$$=18\pi-\frac{27\sqrt{3}}{2}(\text{cm}^2)$$

8 (1)①△AEBは30°, 60°, 90°の直角三角形であるので,
$AB:AE=2:\sqrt{3}$
$12:AE=2:\sqrt{3}$
$2AE=12\sqrt{3}$
$AE=6\sqrt{3}$ (cm)

②平行四辺形ABCD＝$8\times 6\sqrt{3}$
$=48\sqrt{3}$ (cm²)

(3)①△FBIは30°, 60°, 90°の直角三角形であるので,
$FI:BI=\sqrt{3}:1$
$FI:x=\sqrt{3}:1$
$FI=\sqrt{3}x$(cm)
よって,

$$\triangle BCF=\frac{1}{2}\times 8\times\sqrt{3}x=4\sqrt{3}x(\text{cm}^2)$$

②△FBIは30°, 60°, 90°の直角三角形であるので,
$FB:BI=2:1$
$FB:x=2:1$
$FB=2x$(cm)
よって, CF＝AFより,
$CF=AF=AB-FB=12-2x$(cm)
(別解)$CF^2=FI^2+CI^2$より,
$CF^2=(\sqrt{3}x)^2+(8-x)^2$
$=4x^2-16x+64$
$=4(x^2-4x+16)$
よって, $CF=2\sqrt{x^2-4x+16}$

③△FICで三平方の定理より，

$FC^2=IC^2+IF^2$

$(12-2x)^2=(8-x)^2+(\sqrt{3}x)^2$

$144-48x+4x^2$

$=64-16x+x^2+3x^2$

$-32x=-80 \quad x=\frac{5}{2}$

折り返した部分の四角形AFGDの面積は△CFGの面積と△HCGの面積の和と同じである。

折り返していない部分の面積は△CFGの面積と△BCFの面積の和であるので，

△BCF＝△HCG より，

平行四辺形ABCD

＝△CFG×2＋△BCF×2

$48\sqrt{3}=2\triangle CFG+4\sqrt{3}x\times 2$

$48\sqrt{3}=2\triangle CFG+4\sqrt{3}\times\frac{5}{2}\times 2$

$48\sqrt{3}=2\triangle CFG+20\sqrt{3}$

$2\triangle CFG=28\sqrt{3}$

$\triangle CFG=14\sqrt{3}\,(cm^2)$

図形編 でる順 2位

立体の面積・体積

入試問題で実力チェック！ ➡本冊P.53~55

1 $4\pi cm^3$　**2** $24\pi cm^2$　**3** 8：1

4 $\frac{128}{3}\pi cm^3$　**5** $84\pi cm^3$

6 (1)4cm　(2)$\sqrt{29}$cm

7 (1)$4\sqrt{3}$ cm²　(2)$\frac{4}{3}$cm　(3)$\frac{32\sqrt{2}}{9}$cm³

8 (1)$h=2\sqrt{15}$　(2)$\ell=\frac{8\sqrt{15}}{5}$　(3)35：36

解説

1 半径2cmの円を底面とする,高さが3cmの円錐ができる。求める体積は，

$\frac{1}{3}\times\pi\times 2^2\times 3=4\pi\,(cm^3)$

2 三平方の定理より，

(母線の長さ)^2＝(底面の半径)^2＋(高さ)^2

だから，(母線の長さ)$^2=3^2+4^2=25$

(母線の長さ)＞0より，(母線の長さ)＝5cm

(底面積)$=\pi\times 3^2=9\pi\,(cm^2)$

側面のおうぎ形の中心角をx度とすると，

(側面のおうぎ形の弧の長さ)

$=2\times\pi\times 5\times\frac{x}{360}=6\pi\,(cm)$だから，$x=216$

(側面のおうぎ形の面積)

$=\pi\times 5^2\times\frac{216}{360}=15\pi\,(cm^2)$だから，

表面積は，$9\pi+15\pi=24\pi\,(cm^2)$

(別解)底面の半径が3cm，母線が5cmだから，

(側面のおうぎ形の面積)

$=5\times 3\times\pi=15\pi\,(cm^2)$

3 相似比が$m:n$の立体の体積比は，$m^3:n^3$だから，$2^3:1^3=8:1$となる。

4 半径が4cmの半球ができる。求める体積は，

$\frac{4}{3}\times\pi\times 4^3\times\frac{1}{2}=\frac{128}{3}\pi\,(cm^3)$

5 切る前の円錐と切った部分の円錐は相似であり，相似比は高さの比から，

$(8-4):8=4:8=1:2$である。

相似比が1：2であるので，体積の比は

$1^3:2^3=1:8$である。よって，求める立体の体積は，切る前の円錐の$\frac{8-1}{8}=\frac{7}{8}$(倍)の体積であるので，

$\left(\frac{1}{3}\times\pi\times 6^2\times 8\right)\times\frac{7}{8}=84\pi\,(cm^3)$

6 (1)直方体Pの体積は，

$3\times 9\times 6=162\,(cm^3)$

三角錐Qの体積は直方体Pの体積の$\frac{1}{9}$だから，$\frac{1}{9}\times 162=18\,(cm^3)$

$\triangle EFH=\frac{1}{2}\times 3\times 9=\frac{27}{2}\,(cm^2)$

三角錐Qの底面を△EFHとしたときの高さをhとすると，三角錐Qの体積は，

$\frac{1}{3}\times\triangle EFH\times h=\frac{1}{3}\times\frac{27}{2}\times h=18\,(cm^3)$

よって，$h=18\times 3\times\frac{2}{27}=4\,(cm)$

(2)三角錐Qの底面を△EFHとしたときの高さは4cmなので，面EFGHとIとの距離は4cmであり，$AE\times\frac{2}{3}$である。

また，面AEFBからIまでの距離は，

$EH\times\frac{2}{3}=3\times\frac{2}{3}=2$(cm)

また，面BFGCからIまでの距離は，

$EF\times\frac{2}{3}=9\times\frac{2}{3}=6$(cm)なので，

面AEHDからIまでの距離は，

$EF-6=3$(cm)となる。

よって，EIは辺が，4cm，2cm，3cmの直方体の対角線の長さとなる。

したがって，$EI^2=4^2+2^2+3^2=29$

$EI>0$だから，$EI=\sqrt{29}$(cm)となる。

7 (1)△AOBは正三角形だから，頂点Oから辺ABに垂線をひき，辺ABとの交点をMとすると，△OAMは辺の比が$1:2:\sqrt{3}$の直角三角形となる。OA＝4cmだから，

$OM=4\times\frac{\sqrt{3}}{2}=2\sqrt{3}$(cm)なので，

$\triangle AOB=\frac{1}{2}\times AB\times OM=\frac{1}{2}\times4\times2\sqrt{3}$

$=4\sqrt{3}$(cm^2)

(2)△OABと△OBCを平面に広げると下のような図になる。ひもが最も短くなるのは，A，P，Qが一直線上にあるときになる。

OQ//ABなので，

錯角は等しいから，

∠POQ＝∠PBA，

∠PQO＝∠PABより，

2組の角がそれぞれ等しいので△OPQと△BPAは相似である。

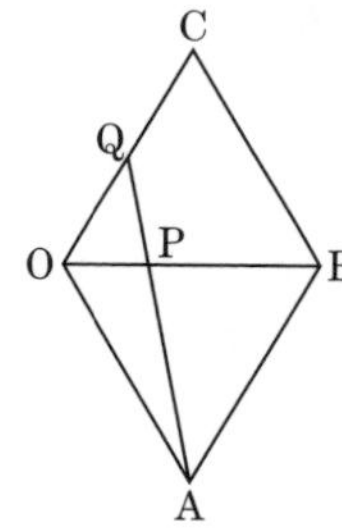

QはOCの中点なので，

$OQ=\frac{1}{2}\times OC=\frac{1}{2}\times4=2$(cm)

よって，$OQ:BA=2:4=1:2$より，

$OP:BP=OQ:BA=1:2$

$OP=\frac{1}{1+2}\times OB=\frac{4}{3}$(cm)

(3)点Bを含む立体は底面を△ABCとする三角錐であり，

$\triangle ABC=\frac{1}{2}\times AB\times BC$

$=\frac{1}{2}\times4\times4=8$(cm^2)

△ABCで三平方の定理より，

$AC=\sqrt{4^2+4^2}=4\sqrt{2}$(cm)

点Oから平面ABCDに垂線をひき，平面ABCDとの交点をHとすると，HはACの中点だから，$AH=\frac{1}{2}AC=2\sqrt{2}$(cm)

また，△OAHで三平方の定理より，

$OH=\sqrt{4^2-(2\sqrt{2})^2}=2\sqrt{2}$(cm)であり，

OHは正四角錐O－ABCDの高さとなる。

(2)より，$OP:BP=1:2$だから，

$OB:BP=3:2$

点Bを含む立体の底面を△ABCとしたときの高さをhとすると，

$OH:h=OB:BP$だから，

$2\sqrt{2}:h=3:2$なので，$h=\frac{4\sqrt{2}}{3}$cm

したがって，求める体積は，

$\frac{1}{3}\times\triangle ABC\times h=\frac{1}{3}\times8\times\frac{4\sqrt{2}}{3}$

$=\frac{32\sqrt{2}}{9}$(cm^3)

8 (1)BからADにひいた垂線とADとの交点をHとすると，BH＝CDである。

△ABHで三平方の定理より，

$BH=\sqrt{8^2-(4-2)^2}=\sqrt{8^2-2^2}$

$=\sqrt{64-4}=\sqrt{60}=2\sqrt{15}$(cm)

よって，$h=2\sqrt{15}$

(2)四角形ABCDの辺ABと辺DCを延長した2つの直線の交点をEとする。

△EDA∽△ECBなので，

EA＝$x$cmとすると，

$EA:EB=DA:CB$

$x:(x-AB)=4:2$

$x:(x-8)=2:1$

$x=2(x-8)$

$x=2x-16$

$x=16$

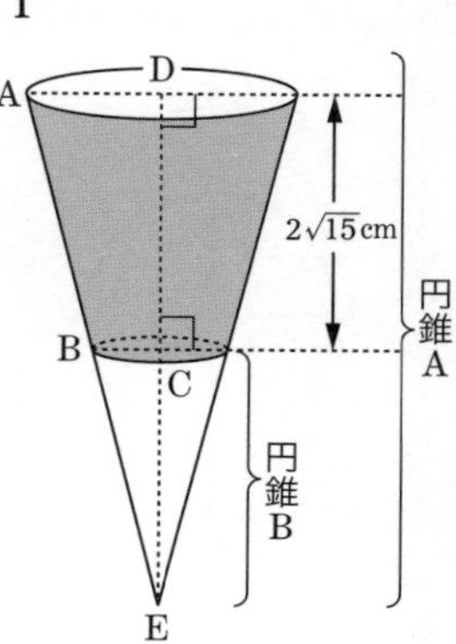

辺EDを回転の軸として△EADを1回転させてできた円錐Aの側面積から，辺ECを回転の軸として△EBCを1回転させてできた円錐Bの側面積をひくと，容器Xの側面積になる。

よって，容器Xの側面積は，

$\pi\times16\times4-\pi\times8\times2$

$=64\pi-16\pi=48\pi$

容器Yの側面積と容器Xの側面積は等しいので,

$\pi \times \ell \times h = 48\pi$

$2\sqrt{15}\pi\ell = 48\pi$

$\ell = \dfrac{48}{2\sqrt{15}} = \dfrac{48 \times \sqrt{15}}{2\sqrt{15} \times \sqrt{15}} = \dfrac{48\sqrt{15}}{30}$

$= \dfrac{8\sqrt{15}}{5}$

(3) 容器Xの体積は円錐Aの体積から円錐Bの体積をひいたものであるので,

$EC = CD = 2\sqrt{15}$(cm)より,

$a = \dfrac{1}{3} \times (\pi \times 4^2 \times 4\sqrt{15})$

$-\dfrac{1}{3} \times (\pi \times 2^2 \times 2\sqrt{15})$

$= \dfrac{64\sqrt{15}}{3}\pi - \dfrac{8\sqrt{15}}{3}\pi = \dfrac{56\sqrt{15}}{3}\pi$ (cm³)

また, 容器Yの体積は,

$b = \pi \times \left(\dfrac{4\sqrt{15}}{5}\right)^2 \times 2\sqrt{15} = \dfrac{96\sqrt{15}}{5}\pi$ (cm³)

よって,

$a : b = \dfrac{56\sqrt{15}}{3}\pi : \dfrac{96\sqrt{15}}{5}\pi$

$= \dfrac{56}{3} : \dfrac{96}{5} = \dfrac{7}{3} : \dfrac{12}{5} = 35 : 36$

図形編 でる順 3位

作図

入試問題で実力チェック！ →本冊P.57~59

1

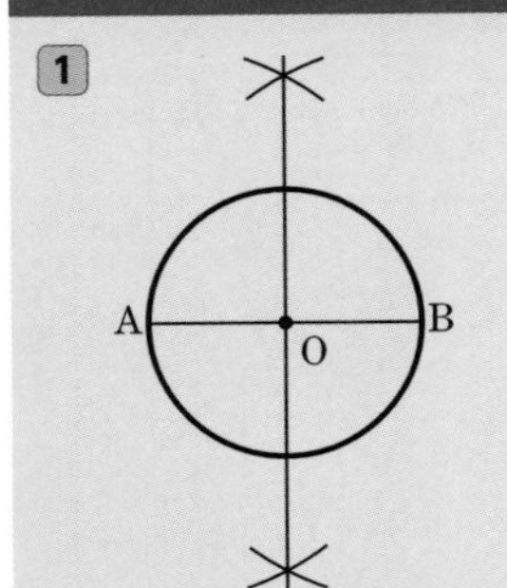

2 (例)

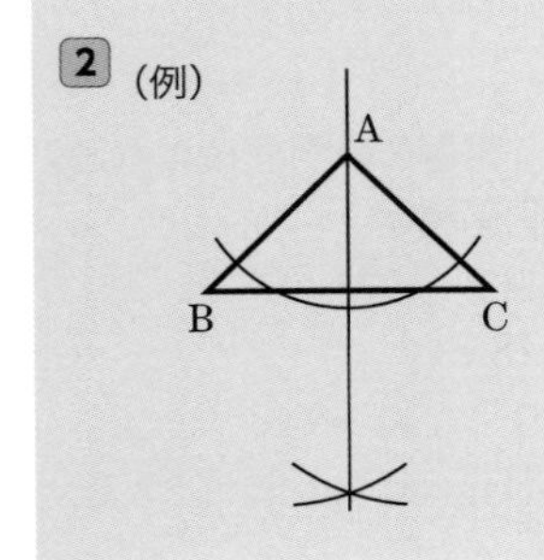

3

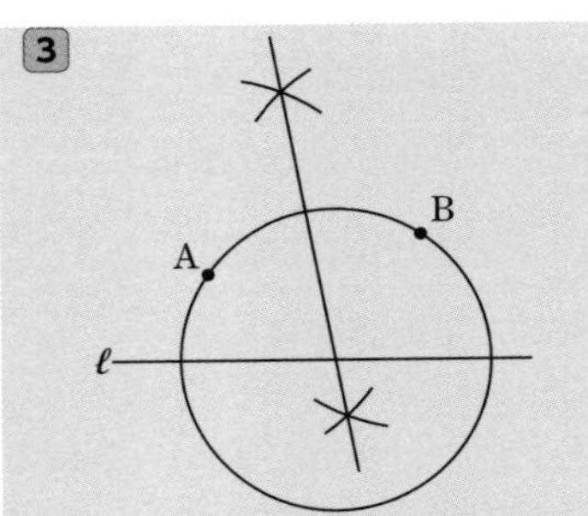

4

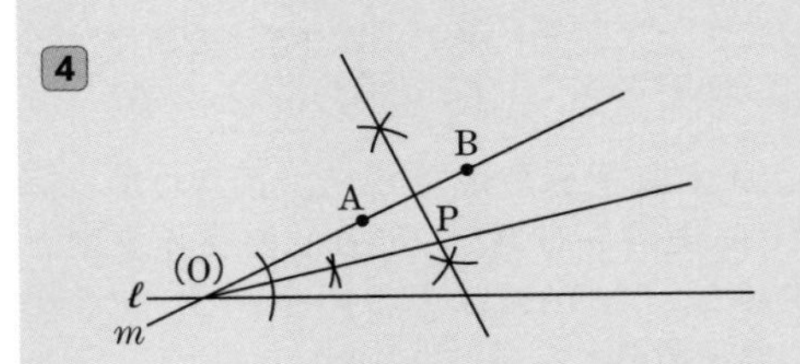

5

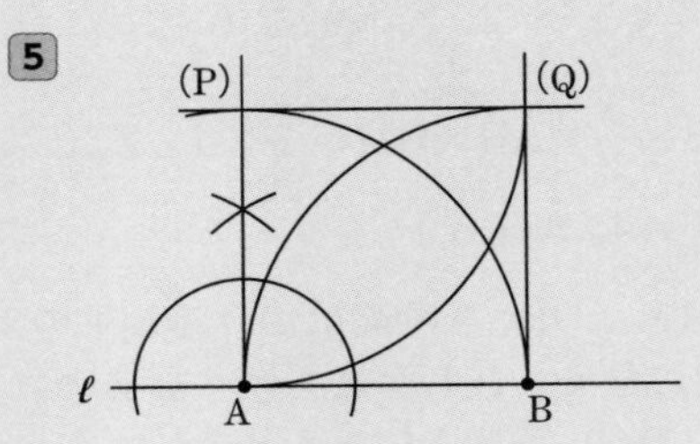

6

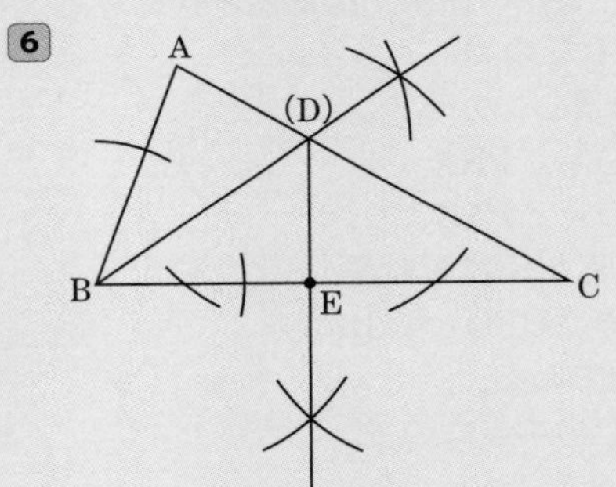

7 (例)

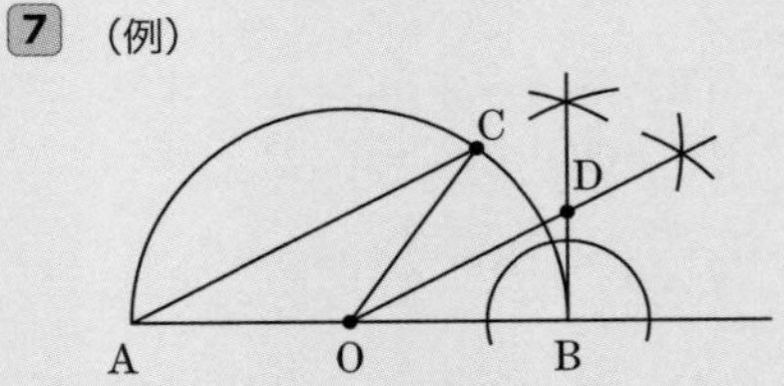

8

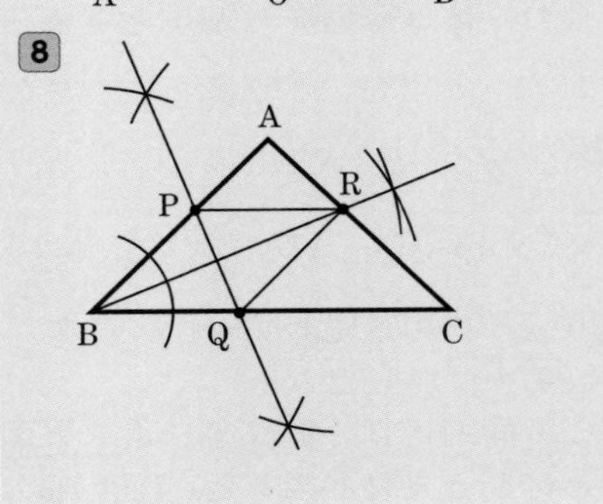

9

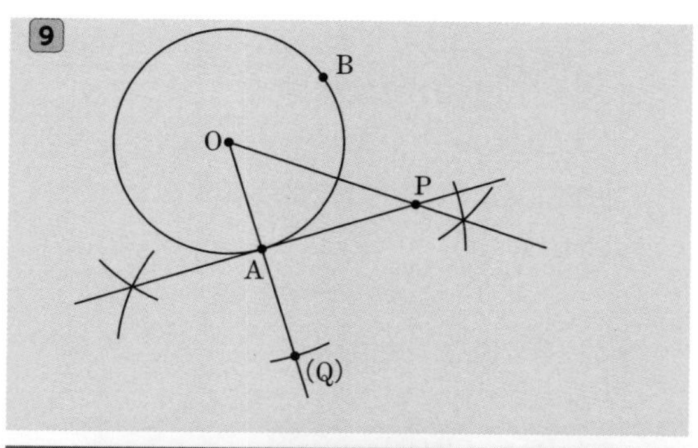

解説

1 A，Bから同じ距離にあり，線分AB上にある点が円の中心Oであるので，線分ABの垂直二等分線と線分ABの交点が円の中心Oになる。

2 二等辺三角形の対称の軸は点Aを通り辺BCに垂直な直線である。
または，辺BCの垂直二等分線や，∠BACの二等分線と考えてもよい。

3 線分ABの垂直二等分線をひき，直線ℓとの交点を中心とする，点Aまたは点Bを通る円をかく。

4 点Pは直線ℓと直線mからの距離が等しいから，直線ℓと直線mとの交点をOとして，∠Oの二等分線をひく。2点A，Bから等しい距離にあるので，線分ABの垂直二等分線をひく。ひいた2本の直線の交点がPとなる。

5 点Aを通る直線ℓの垂線をひく。正方形は4辺がすべて等しいから，点Aを中心とする半径ABの円をかき，垂線との交点をPとする。点Pを中心とする半径ABの円と，点Bを中心とする半径ABの円をかき，この2つの円の交点をQとする。AB＝BQ＝QP＝PAとなり，∠PAB＝90°なので，点BとQ，点QとP，点PとAを結ぶと四角形ABQPは正方形となる。

6 △BDEについて，∠BDE＝55°，
∠BED＝90°だから，
　∠DBE＝180°－∠BDE－∠BED
　＝180°－55°－90°＝35°
∠ABC＝70°だから，BDは∠ABCの二等分線である。
したがって，∠ABCの二等分線と辺ACとの交点がDとなる。
∠BED＝90°だから，点Dから辺BCにひいた垂線と辺BCとの交点がEとなる。

7 ∠OBD＝90°だから，点Bを通る直線ABの垂線をひく。
円周角の定理より，中心角は円周角の大きさの2倍だから，∠COB＝2∠CAO
∠DOB＝∠CAOだから，∠COB＝2∠DOB
なので，ODは∠COBの二等分線となる。
したがって，点Bを通る直線ABの垂線と∠COBの二等分線との交点がDとなり，直角三角形DOBとなる。

8 ∠PBR＝∠QBRとなるので，∠ABCの二等分線とACとの交点がRになる。ひし形の対角線はそれぞれの中点で垂直に交わるので，線分BRの垂直二等分線と辺ABとの交点がP，辺BCとの交点がQになる。

9 半径OAと点Aを通る接線は垂直に交わるので，半直線OAをひき，点Aを中心とする半径OAの円と半直線との交点Qをとると，線分OQの垂直二等分線が円の接線となる。
また，∠AOP＝∠BOPなので，∠AOBの二等分線をひく。
円の接線と二等分線との交点がPとなる。

図形編　でる順 4位

三角形の相似

入試問題で実力チェック！ ➡本冊P.61~63

1 (ⅰ)**オ**　(ⅱ)**カ**　(ⅲ)**ア**　(ⅳ)**キ**　(ⅴ)**サ**

2 △ABCと△AEDにおいて，
AB：AE＝9：6＝3：2　…①
AC：AD＝12：8＝3：2　…②
∠BAC＝∠EAD　…③
①，②，③より，2組の辺の比とその間の角がそれぞれ等しいので，△ABC∽△AED

3 △DBCと△DCAにおいて，
共通の角だから，∠BDC＝∠CDA　…①
仮定より，∠ACB＝∠ACD　…②
△ABCはAB＝ACの二等辺三角形だから，
∠ABC＝∠ACB　…③
②，③より，∠DBC＝∠DCA　…④
①，④より，2組の角がそれぞれ等しいので，
△DBC∽△DCA

4 △ABCと△BDCにおいて,
線分ABは円の直径だから,
円周角の定理より，∠ACB＝90°　…①
点CはAD上の点なので，∠BCD=90°　…②
①，②より，∠ACB＝∠BCD　…③
仮定より，∠ABD＝90°だから,
∠DBC＝∠ABD－∠ABC
＝90°－∠ABC　…④
∠BAC＝180°－∠ACB－∠ABC
＝90°－∠ABC　…⑤
④，⑤より∠BAC＝∠DBC　…⑥
③，⑥より，2組の角がそれぞれ等しいので,
△ABC∽△BDC

5 (1)34°
(2)△FBDと△FCAにおいて,
共通の角だから，∠BFD＝∠CFA　…①
$\overset{\frown}{AD}$に対する円周角は等しいから,
∠FBD＝∠FCA　…②
①，②より，2組の角がそれぞれ等しいので，△FBD∽△FCA

6 (1)△AGDと△ECBにおいて,
AD＝AFより，△ADFは二等辺三角形だから，∠ADF＝∠AFD　…①
$\overset{\frown}{AD}$に対する円周角は等しいから,
∠AFD＝∠ABD　…②
仮定より，BDは∠ABCの二等分線だから，∠ABD＝∠DBC　…③
①，②，③より，∠ADF＝∠DBCだから,
∠ADG＝∠EBC　…④
$\overset{\frown}{CD}$に対する円周角は等しいから,
∠DAC＝∠DBC　…⑤
③，⑤より,
∠DAC＝∠ABD　…⑥
∠DAG＝∠DAC＋∠CAB　…⑦
△ABEにおいて，内角と外角の性質より,
∠BEC＝∠CAB＋∠ABD　…⑧
⑥，⑦，⑧より,
∠DAG＝∠BEC　…⑨
④，⑨より，2組の角がそれぞれ等しいので,
△AGD∽△ECB
(2)36°

7 △ABEと△BDCにおいて,
ABは円Oの直径であるので,
∠AEB＝90°　…①
同様に，∠ACB＝90°であるので,
∠BCD＝90°　…②
①，②より，∠AEB＝∠BCD　…③
AD=ABより，△ABDは二等辺三角形であるので,
∠ABE＝∠BDC　…④
③，④より, 2組の角がそれぞれ等しいので,
△ABE∽△BDC

解説

5 (1)線分ACは円の直径だから,
∠ABC＝90°
∠EBC＝∠ABC－∠ABD
＝90°－24°＝66°
△BCEにおいて，内角と外角の性質より,
∠ACB＝∠CED－∠EBC
＝100°－66°＝34°

6 (2)$\overset{\frown}{AF}$：$\overset{\frown}{FB}$＝5：3なので，$\overset{\frown}{AF}$，$\overset{\frown}{FB}$に対する円周角をそれぞれ$5x$，$3x$とおく。
ABに対する円周角は等しいから,
∠ACB＝∠ADB＝$8x$
△ADFはAD＝AFの二等辺三角形だから,
∠AFD＝∠ADF＝$5x$
BDは∠ABCの二等分線だから,
∠ABD＝∠DBC
$\overset{\frown}{AD}$に対する円周角は等しいから,
∠ABD＝∠AFD
したがって,
∠AFD＝∠ADF＝∠ABD＝∠DBC＝$5x$
三角形の内角の和は180°だから,
△ABCにおいて,
∠BAC＝180°－∠ACB－∠ABD－∠DBC
＝180°－$8x$－$5x$－$5x$
＝180°－$18x$
△BCEにおいて,
∠BEC＝180°－∠DBC－∠BCE
＝180°－$5x$－$8x$＝180°－$13x$
∠BEC＝76°だから，180°－$13x$＝76°より,
x＝8°
よって,
∠BAC＝180°－$18x$＝180°－18×8°＝36°

図形編

でる順 5位

円と角

入試問題で実力チェック！ ➡本冊P.65~67

1 (1)$108°$　(2)$80°$　(3)$28°$

(4)$61°$　(5)$35°$　(6)$49°$

2 $29°$　**3** $59°$　**4** $135°$

5 $51°$　**6** $52°$

7 (1)点Oと，3点A，B，Pを線で結ぶ。

△OAPと△OBPにおいて，

POは共通　…①

円の半径なので，$OA=OB$　…②

A，Bは接点なので，

$\angle OAP=\angle OBP=90°$　…③

①，②，③より，直角三角形の斜辺と他の1辺がそれぞれ等しいので，

$\triangle OAP \equiv \triangle OBP$

したがって，$PA=PB$となる。

(2)$4\sqrt{15}$cm

8 $127°$

9 (1)$60°$　(2)$\frac{2\sqrt{3}}{3}$cm

(3)△ABFと△EBAにおいて，

$\overset{\frown}{AC}=\overset{\frown}{CD}=\overset{\frown}{DB}$より，$\angle BOD=60°$

$\overset{\frown}{BD}$に対する円周角と中心角だから，

$\angle BAD=60°\times\frac{1}{2}=30°$

EBは円の接線なので，

$\angle EBA=90°$

よって，$\angle AFB=60°$　…①

$\overset{\frown}{CD}=\overset{\frown}{DB}$なので，

$\angle CAD=\angle BAD=30°$

よって，

$\angle EAB=\angle CAD+\angle BAD=60°$　…②

①，②より，$\angle AFB=\angle EAB$　…③

共通の角だから，

$\angle ABF=\angle EBA$　…④

③，④より，2組の角がそれぞれ等しいので，$\triangle ABF \backsim \triangle EBA$

解説

1 (1)図の三角形は二等辺三角形なので，

$180°-36°\times2=108°$

(2)$\overset{\frown}{ABC}$に対する円周角が$130°$であるから，

$\overset{\frown}{ABC}$の中心角は，$\angle AOC=260°$

よって，$\angle x=260°-180°=80°$

(3)$\overset{\frown}{BC}$に対する中心角が$\angle BOC=124°$であるから，円周角は$\angle BAC=62°$

△OABは二等辺三角形なので，

$\angle OAB=\angle OBA=34°$

また，△OACは二等辺三角形なので，

$\angle x=\angle OAC$

$\angle OAC=\angle BAC-\angle OAB=62°-34°$

$=28°$

(4)$\overset{\frown}{BC}$に対する円周角が$29°$であるから，中心角は，$\angle BOC=2\angle BAC=58°$

△OBCは二等辺三角形だから，

$\angle OCB=(180°-\angle BOC)\div2$

$=(180°-58°)\div2=61°$

(5)$\overset{\frown}{AD}$に対する円周角は等しいから，

$\angle DCA=\angle DBA=\angle x$

ACは直径であるので，$\angle ADC=90°$

よって，

$\angle x=\angle DCA=180°-90°-55°=35°$

(6)$\overset{\frown}{DB}$に対する円周角は等しいから，

$\angle DAB=\angle DCB=41°$

ABは直径であるので，$\angle ADB=90°$

よって，$\angle x=180°-90°-41°=49°$

2 △BCEの内角と外角の性質から，

$\angle CBD=\angle CED-\angle BCE$

$=86°-21°=65°$

$\overset{\frown}{AB}$に対する円周角は等しいから，

$\angle ADB=\angle ACB=21°$

$\overset{\frown}{CD}$に対する円周角は等しいから，

$\angle CAD=\angle CBD=65°$

ACは$\angle BAD$の二等分線だから，

$\angle BAD=2\angle CAD=2\times65°=130°$

$\angle ABE=180°-\angle ADB-\angle BAD$

$=180°-21°-130°=29°$

3 BDは直径であるので，$\angle BED=90°$

$\overset{\frown}{BC}$に対する円周角は等しいから，

$\angle BEC=\angle x$

$\angle BED=\angle x+31°$より，$\angle x=59°$

4 BC＝BDより，∠BDC＝∠BCD

∠DBC＝30°より，

$\angle BDC=\dfrac{180^\circ-30^\circ}{2}=75^\circ$

ACは直径であるので，∠ADC＝90°

よって，∠ADB＝90°－75°＝15°

$\overset{\frown}{DC}$に対する円周角は等しいから，

∠DAC＝∠DBC＝30°

したがって，

$\angle x=180^\circ-30^\circ-15^\circ=135^\circ$

5 $\overset{\frown}{BC}=2\overset{\frown}{AD}$より，

$\angle DBA=\dfrac{1}{2}\times\angle BDC=\dfrac{1}{2}\times34^\circ=17^\circ$

△BDEの内角と外角の性質より，

$\angle x=\angle AED=\angle BDC+\angle DBA$

$=34^\circ+17^\circ=51^\circ$

6 ∠BAC＝∠BDC

より，円周角の定理の逆から，A，B，C，Dは1つの円周上にある。

$\overset{\frown}{DC}$に対する円周角は等しいから，

$\angle DBC=\angle DAC=\angle y$，

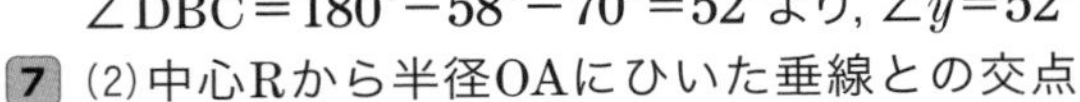

$\angle DBC=180^\circ-58^\circ-70^\circ=52^\circ$より，$\angle y=52^\circ$

7 (2) 中心Rから半径OAにひいた垂線との交点をHとする。

OH＝(円Oの半径)－(円Rの半径)

＝5－3＝2(cm)

OR＝(円Oの半径)＋(円Rの半径)

＝5＋3＝8(cm)

∠OHR＝90°だから，△ORHは直角三角形なので三平方の定理より，

$RH^2=OR^2-OH^2=64-4=60$

RH＞0だから，$RH=\sqrt{60}=2\sqrt{15}$(cm)

したがって，△ORHの辺の比は

$OR:OH:RH=8:2:2\sqrt{15}$

$=4:1:\sqrt{15}$

△ORH∽△OPAであり，

OA＝5cmだから，

OR：OH＝OP：OAなので，

4：1＝OP：5となりOP＝20cm，

PQ＝OP－OQ＝20－5＝15(cm)

また，△OPA∽△CPQなので，

$PC:PQ=4:\sqrt{15}$より，

$PC=PQ\times\dfrac{4}{\sqrt{15}}=15\times\dfrac{4}{\sqrt{15}}=4\sqrt{15}$(cm)

8 $\overset{\frown}{AB}$に対する円周角は等しいから，

∠ADB＝∠ACB＝92°

$\overset{\frown}{CD}$に対する円周角は等しいから，

∠CAD＝∠CBD

三角形の内角と外角の性質から，

∠CAD＝92°－57°＝35°

よって，$\angle x=\angle ADB+\angle CAD$

$=92^\circ+35^\circ$

$=127^\circ$

9 (1) $\overset{\frown}{AC}=\overset{\frown}{CD}=\overset{\frown}{DB}$より，

∠BOD＝180°÷3＝60°

(2) $\overset{\frown}{BD}$に対する円周角と中心角であるから，

$\angle BAD=\dfrac{1}{2}\angle BOD=30^\circ$

BFは円の接線であるので，∠FBA＝90°

△FBAは30°，60°，90°の直角三角形であるので，

$BF:AB=1:\sqrt{3}$

$BF:2=1:\sqrt{3}$

$\sqrt{3}\,BF=2$

$BF=\dfrac{2}{\sqrt{3}}=\dfrac{2\times\sqrt{3}}{\sqrt{3}\times\sqrt{3}}=\dfrac{2\sqrt{3}}{3}$(cm)

三角形の合同

入試問題で実力チェック！ ➡本冊P.69~71

1 (△AEFと△DCEで，

仮定から，BF＝AD …①

AB＝AE …②

①，②から，AF＝DE …③)

FB//DCより，錯角は等しいから，

∠FAE＝∠EDC …④

平行四辺形の対辺は等しいので，

AB＝DC …⑤

②，⑤より，AE＝DC …⑥

③，④，⑥より，2組の辺とその間の角がそれぞれ等しいので，△AEF≡△DCE

2 (例) △ABEと△ACDにおいて，

仮定より，AB＝AC …①

AB＝ACで，D，Eはそれぞれの中点だから，AE＝AD …②

共通の角だから，∠BAE＝∠CAD …③

①，②，③より，2組の辺とその間の角がそれぞれ等しいので，△ABE≡△ACD

3 △ABCと△AGDにおいて，
$\overset{\frown}{AB}$に対する円周角は等しいから，
∠ACB=∠ADG …①
仮定より，AC=AD …②
$\overset{\frown}{DE}$に対する円周角は等しいから，
∠GAD=∠ECD …③
BD//CEより，錯角は等しいから，
∠ECD=∠CDB …④
$\overset{\frown}{BC}$に対する円周角は等しいから，
∠CDB=∠BAC …⑤
③，④，⑤より，∠BAC=∠GAD …⑥
①，②，⑥より，1組の辺とその両端の角がそれぞれ等しいので，△ABC≡△AGD

4 (1)④
(2)△APSと△CRQにおいて，
仮定より，AP=CR …①
四角形ABCDは長方形だから，
∠PAS=∠RCQ=90° …②
四角形PQRSは平行四辺形だから，
PS=RQ …③
①，②，③より，直角三角形の斜辺と他の1辺がそれぞれ等しいので，
△APS≡△CRQ

5 △ABDと△ACDにおいて，
仮定より，AC=BE …①
直線AEは∠BACの二等分線なので，
∠BAD=∠CAD …②
ADは共通 …③
AC//BEより錯角は等しいから，
∠CAE=∠CAD=∠AEB …④
②，④より，
∠BAD=∠AEBなので，△BAEは二等辺三角形である。
したがって，BA=BE …⑤
①，⑤より，AB=AC …⑥
②，③，⑥より，2組の辺とその間の角がそれぞれ等しいので，
△ABD≡△ACD

6 (1)△BOEと△DOGにおいて，
円の半径は等しいから，
OB=OD …①
$\overset{\frown}{CD}$に対する円周角は等しいから，
∠OBD=∠CFD …②
OD//FCより，錯角は等しいから，
∠CFD=∠ODF …③
②，③より，∠OBD=∠ODFだから，
∠OBE=∠ODG …④
仮定より，∠OAC=∠CAD …⑤
円周角と中心角の関係から，
2∠CAD=∠DOC …⑥
∠BOA=2∠BCA …⑦
円の半径は等しく，OA=OCだから，
∠BCA=∠OAC …⑧
⑤〜⑧より，
∠BOE=∠BOA=2∠BCA=2∠OAC
=2∠CAD=∠DOCなので，
∠BOE=∠DOG …⑨
①，④，⑨より，1組の辺とその両端の角がそれぞれ等しいので，
△BOE≡△DOG

(2)$\frac{14}{5}\pi$cm

解説

2 その他に，△BCD≡△CBE，
△BDE≡△CEDがある。
△BCD≡△CBEの証明は次のようになる。
△BCDと△CBEにおいて，
△ABCは二等辺三角形であるので，
∠DBC=∠ECB …④
AB=ACで，D，Eはそれぞれの中点であるから，DB=EC …⑤
BCは共通 …⑥
④，⑤，⑥より，2組の辺とその間の角がそれぞれ等しいので，△BCD≡△CBE
△BDE≡△CEDの証明は次のようになる。
△BDEと△CEDにおいて，
AB=ACで，D，Eはそれぞれの中点であるから，DB=EC …⑦
また，AD=AEであり，△ADEは二等辺三角形であるので，∠ADE=∠AED …⑧
∠BDE=180°−∠ADE …⑨
∠CED=180°−∠AED …⑩

⑧，⑨，⑩より，$\angle \mathrm{BDE}=\angle \mathrm{CED}$　…⑪
DEは共通　…⑫
⑦，⑪，⑫より，2組の辺とその間の角がそれぞれ等しいので，$\triangle \mathrm{BDE} \equiv \triangle \mathrm{CED}$

4 (1)ひし形は4辺の長さがすべて等しい四角形なので，条件はとなり合う辺の長さが等しいことを表している④となる。

6 (2)(1)より，$\triangle \mathrm{BOE} \equiv \triangle \mathrm{DOG}$だから，
$\angle \mathrm{OBE}=\angle \mathrm{ODG}$
$\triangle \mathrm{OBD}$は，$\mathrm{OB}=\mathrm{OD}$の二等辺三角形だから，
$\angle \mathrm{OBE}=\angle \mathrm{ODE}$
$\triangle \mathrm{BDG}$の内角と外角の性質より，
$\angle \mathrm{BGF}=\angle \mathrm{OBE}+\angle \mathrm{ODE}+\angle \mathrm{ODG}=3\angle \mathrm{OBD}$
$\angle \mathrm{BGF}=72^\circ$より，$3\angle \mathrm{OBD}=72^\circ$，
$\angle \mathrm{OBD}=24^\circ$
$\triangle \mathrm{OAD}$は二等辺三角形で，
$\angle \mathrm{ODA}=\angle \mathrm{OAD}$であり，
$\angle \mathrm{OAD}=2\angle \mathrm{CAD}=2\angle \mathrm{CBD}$
$\qquad =2\angle \mathrm{OBD}=48^\circ$だから，
$\angle \mathrm{AOD}=180^\circ-2\angle \mathrm{OAD}$
$\qquad =180^\circ-2\times 48^\circ=84^\circ$
$\overset{\frown}{\mathrm{AD}}=2\times\pi\times 6\times\dfrac{84}{360}=\dfrac{14}{5}\pi\,(\mathrm{cm})$

図形編
でる順 7位
角度

入試問題で実力チェック！ →本冊P.73~75

1 29°　**2** 86°　**3** 97°　**4** 50°
5 30°　**6** 135°　**7** 79°　**8** 72°
9 17°　**10** 22°　**11** $(a-b)^\circ$
12 $(a+55)^\circ$

解説

1 それぞれの角度は右の図のようになるので，三角形の内角と外角の性質から，

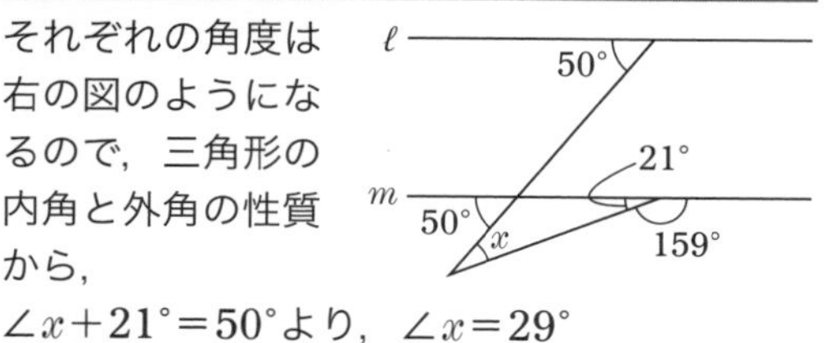

$\angle x+21^\circ=50^\circ$より，$\angle x=29^\circ$

2 ℓとAB，ACとの交点をそれぞれD，Eとすると，対頂角は等しいので，
$\angle \mathrm{ADE}=26^\circ$
$\triangle \mathrm{ABC}$は正三角形なので，$\angle \mathrm{A}=60^\circ$
三角形の内角と外角の性質から，
$\triangle \mathrm{ADE}$の外角$\angle \mathrm{DEC}$の大きさは，
$\angle \mathrm{DEC}=\angle \mathrm{ADE}+\angle \mathrm{A}=26^\circ+60^\circ=86^\circ$
$\ell /\!/ m$より，錯角は等しいので，
$\angle x=\angle \mathrm{DEC}=86^\circ$

3 $\angle \mathrm{ACD}=124^\circ$より，
$\angle \mathrm{ACB}=180^\circ-124^\circ=56^\circ$
$\triangle \mathrm{ABC}$の内角と外角の性質から，
$\angle \mathrm{BAE}=56^\circ+41^\circ=97^\circ$

4 多角形の外角の和は360°だから，
$\angle x=360^\circ-110^\circ-40^\circ-90^\circ-70^\circ=50^\circ$

5 $\triangle \mathrm{ABD}$は$\mathrm{DA}=\mathrm{DB}$の二等辺三角形だから，
$\angle \mathrm{DAB}=\angle \mathrm{DBA}=\angle x$
三角形の内角と外角の性質から，
$\angle \mathrm{BDC}=\angle \mathrm{DAB}+\angle \mathrm{DBA}=2\angle x$
$\triangle \mathrm{BCD}$は$\mathrm{BC}=\mathrm{BD}$の二等辺三角形だから，
$\angle \mathrm{BCD}=\angle \mathrm{BDC}=2\angle x$
$\triangle \mathrm{ABC}$について三角形の内角の和は180°だから，$\angle \mathrm{CAB}+\angle \mathrm{ABC}+\angle \mathrm{ACB}$
$=\angle x+90^\circ+2\angle x=180^\circ$
したがって，$\angle x=30^\circ$

6 右の図のように直線ℓ，mに平行な直線nをひくと，それぞれの角は右の図のようになるので，
$\angle x=(180^\circ-75^\circ)+30^\circ=105^\circ+30^\circ=135^\circ$

7 AB//DCより，錯角は等しいので，$\angle \mathrm{EAC}=\angle \mathrm{ACD}=59^\circ$
EF//AD//BCより，同位角は等しいので，
$\angle \mathrm{AEF}=\angle \mathrm{ABC}=42^\circ$
よって，$\angle x=180^\circ-59^\circ-42^\circ=79^\circ$

8 五角形の内角の和は，
$180^\circ\times(5-2)=540^\circ$だから，
正五角形の1つの内角の大きさは，
$540^\circ\div 5=108^\circ$
$\triangle \mathrm{BCD}$は$\mathrm{BC}=\mathrm{CD}$の二等辺三角形なので，
$\angle \mathrm{BDC}=(180^\circ-108^\circ)\div 2=36^\circ$
同様に，$\angle \mathrm{DCE}=36^\circ$
三角形の内角と外角の性質より，
$\angle x=\angle \mathrm{BDC}+\angle \mathrm{DCE}=72^\circ$

9 右の図のように，点を定める。
△AEDの外角より，
$\angle BEC = 32^\circ + 45^\circ$
△BECの外角より，
$32^\circ + 45^\circ + \angle x = 94^\circ$
$\angle x = 94^\circ - 32^\circ - 45^\circ = 17^\circ$

10 右の図のように，点を定め，BCをひくと，

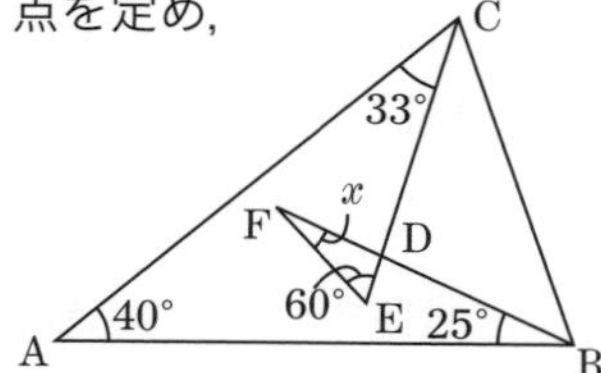

$\angle DBC + \angle DCB$
$= 180^\circ - (33^\circ + 40^\circ + 25^\circ)$
$= 180^\circ - 98^\circ = 82^\circ$
△DFEと△DBCの内角の和の関係から，
$\angle x + 60^\circ = 82^\circ$
よって，$\angle x = 22^\circ$

11 AB＝ACより，△ABCは二等辺三角形であるので，$\angle ABD = b^\circ$
△BADの内角と外角の性質から，
$a^\circ = \angle BAD + b^\circ$
$\angle BAD = (a - b)^\circ$

12 △ABCは二等辺三角形であるので，
$\angle ABC = (180^\circ - 70^\circ) \div 2 = 55^\circ$
△ABPの内角と外角の性質から，
$\angle BPQ = (a + 55)^\circ$

図形編 でる順 8位

空間図形の線分の長さ

入試問題で実力チェック！ →本冊P.77~79

1 $4\sqrt{3}$ cm　**2** $2\sqrt{6}$ cm

3 (1)$3\sqrt{2}$ cm
(2)①$5\sqrt{2}$ cm　②$\frac{12\sqrt{2}}{5}$cm

4 (1)①ア，オ　②$5\sqrt{29}$cm^2
(2)△JIDは直角三角形であり，ID＝CD＝5cm，JI＝ED＝10cmだから，三平方の定理より，
$JD = \sqrt{5^2 + 10^2} = \sqrt{25 + 100} = \sqrt{125}$
$= 5\sqrt{5}$ (cm)
△JDKで∠JDK＝90°だから，三平方の定理より，
$KD^2 = 14^2 - (5\sqrt{5})^2$
$= 196 - 125$
$= 71$
KD＞0より，KD＝$\sqrt{71}$cm
よって，KC＝KD－CD＝$\sqrt{71} - 5$(cm)

5 (1)$\frac{4}{3}$cm　(2)$2\sqrt{13}$cm

6 (1)8秒後　(2)48πcm^3　(3)$\sqrt{61}$cm

7 (1)$4\sqrt{15}$cm^2　(2)$\frac{2\sqrt{11}}{3}$cm^3

解説

1 $BH = \sqrt{4^2 + 4^2 + 4^2} = \sqrt{16 + 16 + 16} = \sqrt{48}$
$= 4\sqrt{3}$ (cm)

2 $AG^2 = AB^2 + AD^2 + AE^2$
$7^2 = AB^2 + 4^2 + 3^2$
$49 = AB^2 + 16 + 9$
$AB^2 = 24$
AB＞0より，$AB = \sqrt{24} = 2\sqrt{6}$ (cm)

3 (1)△DEFはDE＝EF＝6cmの直角二等辺三角形であり，△ABC≡△DEFである。
△ABCはAB＝BC＝6cmの直角二等辺三角形であり，点Mは辺ACの中点であるから，BM⊥ACなので，△ABMはAM＝BMの直角二等辺三角形である。
したがって，AB：BM＝$\sqrt{2}$：1
AB＝6cmだから，$BM = \frac{6}{\sqrt{2}} = 3\sqrt{2}$ (cm)

(2)①△ABCはAB＝BC＝6cmの直角二等辺三角形だから，AC＝$6\sqrt{2}$ cmである。
△ABPにおいて，三平方の定理より，
$AP^2 = AB^2 + BP^2 = 36 + BP^2$
△CBPにおいて，三平方の定理より，
$CP^2 = CB^2 + BP^2 = 36 + BP^2$
したがって，AP＝CPなので，△APCはAP＝CPの二等辺三角形である。
点Mは辺ACの中点であるから，AC⊥PMなので，底辺をACとしたとき，△APCの高さはPMとなる。
△APC＝30cm^{2}より，
$\frac{1}{2} \times AC \times PM = \frac{1}{2} \times 6\sqrt{2} \times PM$
$= 30$(cm^2)

よって，$PM=5\sqrt{2}$ (cm)

②三角錐P－ABCの底面を△ABCとしたとき，三角錐P－ABCの高さはBPである。
△BMPは∠MBP＝90°の直角三角形なので，三平方の定理より，

$$BP^2=MP^2-BM^2=(5\sqrt{2})^2-(3\sqrt{2})^2$$
$$=50-18=32$$

BP＞0より，$BP=4\sqrt{2}$ (cm)
したがって，三角錐P－ABCの体積は，

$$\frac{1}{3}\times\triangle ABC\times BP=\frac{1}{3}\times\left(\frac{1}{2}\times6\times6\right)\times4\sqrt{2}=24\sqrt{2}\,(cm^3)$$

求める距離をhとすると，hは三角錐P－ABCの底面を△APCとしたときの高さであるから，三角錐P－ABCの体積について，

$$\frac{1}{3}\times\triangle APC\times h=10h=24\sqrt{2}\,(cm^3)$$

したがって，$h=\dfrac{12\sqrt{2}}{5}$ (cm)

4 (1)①面CDIHと垂直な辺は，辺BC，辺ED，辺JI，辺GHである。

②辺CBを延長した直線と辺EAを延長した直線の交点をLとする。
四角形BGHCは正方形で，BC＝5cmより，
GB＝5cm
LC＝10cm,
BC＝5cmより，
LB＝5cm
LE＝5cm,
AE＝3cmより，
LA＝2cm
△BLAで三平方の定理より，

$$BA=\sqrt{5^2+2^2}$$
$$=\sqrt{25+4}=\sqrt{29}$$

よって，長方形AFGBの面積は，
長方形$AFGB=5\times\sqrt{29}=5\sqrt{29}$ (cm²)

5 (1)正四角錐の辺はすべて4cmだから，側面の三角形はすべて正三角形であり，
△ABC，△ACD，△ADEの側面を展開すると図のようになる。

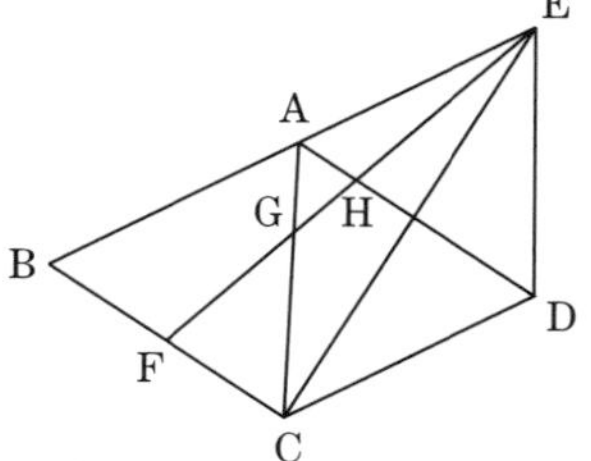

正三角形の内角はすべて60°なので，
∠ACB＝∠CADだから，
錯角が等しいので，AH//BFである。
したがって，△EAH∽△EBFであり，相似比は，EA：EB＝4：8＝1：2となる。
点Fは辺BCの中点だから，

$$BF=\frac{1}{2}\times BC=2\,(cm)$$

AH：BF＝EA：EB＝1：2だから，
AH：BF＝AH：2＝1：2より，AH＝1cm
また，$CF=\dfrac{1}{2}\times BC=2$ (cm)であり，
AH//BFより，△AGH∽△CGFだから，
　AG：CG＝AH：CF＝1：2
AC＝4cmだから，

$$AG=\frac{1}{2+1}\times AC=\frac{4}{3}\,(cm)$$

(2)△ABC，△ACD，△ADEは正三角形なので，CEは∠ACDの二等分線となり，
∠ECA＝30°である。
したがって，
∠BCE＝∠BCA＋∠ECA＝60°＋30°
＝90°
△BCEは直角三角形である。
また，△BCEの内角は30°，60°，90°なので，辺の比は，
BC：BE：CE＝1：2：$\sqrt{3}$となり，
BC＝4cmだから，$CE=4\sqrt{3}$ cmとなる。
△CEFも直角三角形なので，三平方の定理より，

$$EF^2=CF^2+CE^2=2^2+(4\sqrt{3})^2=52$$

EF＞0なので，$EF=2\sqrt{13}$ (cm)

6 (1)$\triangle ADP=\dfrac{1}{2}\times DP\times AD=\dfrac{1}{2}\times DP\times3$

$$=\frac{3}{2}\times DP=6\,(cm^2)$$

したがって，△ADP＝6cm²となるのは，
DP＝4cmのときである。
DP＝DE－EP＝AB－EP
　＝12－EP＝4(cm)のときだから，
EP＝8cmのとき，△ADP＝6cm²となり，
　点PはEを出発し毎秒1cmの速さで動くから，8秒後となる。

(2) 点Pが点Eを出発してから14秒間で14cm移動し，DE＝12cmより，点PはAD上の点Dから2cm離れた点にある。
したがって，求める立体の体積は，底面の半径をDEとする高さADの円錐の体積から，底面の半径をDEとする高さPDの円錐の体積をひいたものになる。
したがって，求める立体の体積は，

$$\frac{1}{3}\times\pi\times DE^2\times AD-\frac{1}{3}\times\pi\times DE^2\times PD$$
$$=\frac{1}{3}\times\pi\times 12^2\times 3-\frac{1}{3}\times\pi\times 12^2\times 2$$
$$=48\pi\ (cm^3)$$

(3) △ABCと長方形ADEBを図のように展開したとき，CP＋PDが最小となるのは，点Pが直線CD上にあるときとなる。

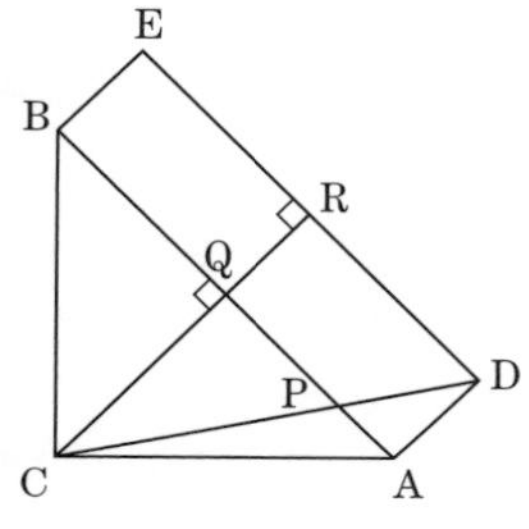

点Cから，DEにひいた垂線と辺AB，DEとの交点をそれぞれQ，Rとする。
このとき，∠CRE＝∠ADE＝90°だから，同位角が等しいので，CR//ADである。
CR//ADより，△CPQ∽△DPAである。
また，点Qは辺ABの中点であるから，
△ACQは直角二等辺三角形となり，

$CQ=AQ=\frac{1}{2}\times AB=\frac{1}{2}\times 12=6$ (cm) となる。

△CPQと△DPAの相似比は，
CQ：DA＝6：3＝2：1となる。
PQ：PA＝CQ：DA＝2：1であり，
AQ＝PQ＋PA＝6(cm)だから，

$PQ=\frac{2}{2+1}\times AQ=\frac{2}{3}\times 6=4$ (cm) となる。

△CPQは∠CQP＝90°の直角三角形だから，三平方の定理より，

$$CP^2=CQ^2+PQ^2=6^2+4^2=52$$

△CFPは∠FCP＝90°の直角三角形だから，

$$FP^2=CP^2+CF^2=52+3^2=61$$

FP＞0より，$FP=\sqrt{61}$ (cm)

7 (1) OからACにひいた垂線とACとの交点をHとすると，△OACは二等辺三角形であるので，HはACの中点である。
△OHAで三平方の定理より，

$$OH=\sqrt{8^2-2^2}$$
$$=\sqrt{64-4}=\sqrt{60}$$
$$=2\sqrt{15}\ (cm)$$

よって，

$$\triangle OAC=\frac{1}{2}\times 4\times 2\sqrt{15}=4\sqrt{15}\ (cm^2)$$

(2) AP＋PCの長さが最も短くなるのは，右の図のように，A，P，Cが一直線上にあるときになる。

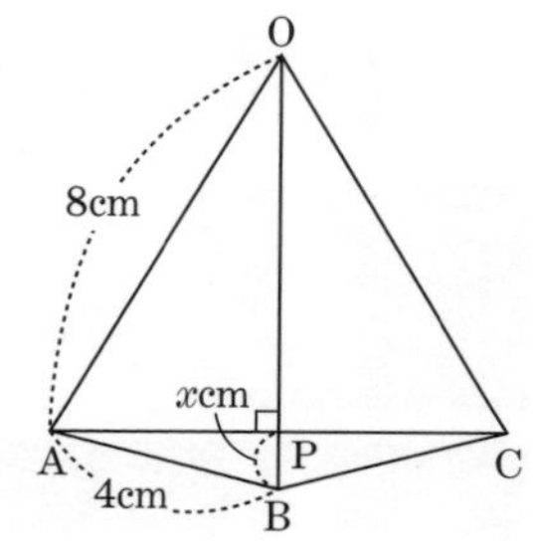

PB＝$x$cmとすると，△ABPで三平方の定理より，

$$AP^2=4^2-x^2\ (cm)$$

また，△OPAで三平方の定理より，

$$OA^2=AP^2+OP^2$$
$$8^2=(16-x^2)+(8-x)^2$$
$$64=16-x^2+64-16x+x^2$$
$$16x=16$$
$$x=1$$

△OHBにおいて，O，PからHBにひいた垂線とHBとの交点をそれぞれI，Jとする。
△ABHは内角が30°，60°，90°の直角三角形だから，

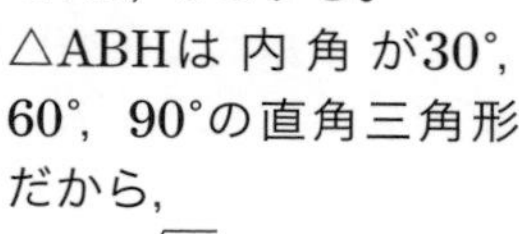

$$BH=\frac{\sqrt{3}}{2}\times 4=2\sqrt{3}\ (cm)$$

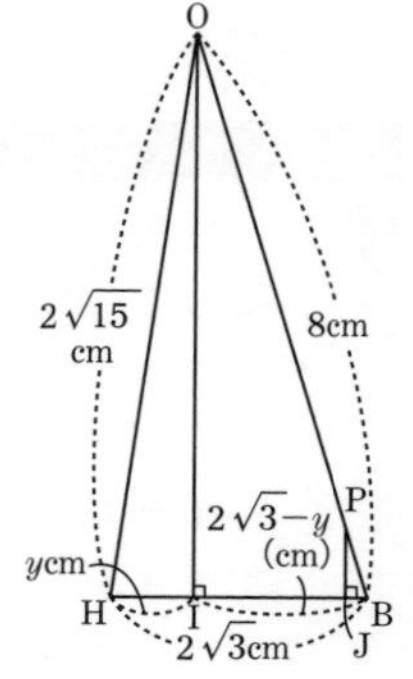

HI＝$y$cmとすると，
△OHIについて三平方の定理より，

$$OI^2=(2\sqrt{15})^2-y^2$$

また，△OBIについて三平方の定理より，

$$OI^2=8^2-(2\sqrt{3}-y)^2$$

よって，$(2\sqrt{15})^2-y^2=8^2-(2\sqrt{3}-y)^2$

$$60-y^2=64-(12-4\sqrt{3}y+y^2)$$
$$60-y^2=64-12+4\sqrt{3}y-y^2$$

$4\sqrt{3}y=8$

$y=\dfrac{2\sqrt{3}}{3}$

したがって，△OHIで三平方の定理より，

$OI^2=(2\sqrt{15})^2-\left(\dfrac{2\sqrt{3}}{3}\right)^2$

$=60-\dfrac{12}{9}=\dfrac{528}{9}$

OI＞0より，$OI=\dfrac{4\sqrt{33}}{3}$(cm)

OI//PJより，OI：PJ＝OB：PB＝8：1より，

$PJ=\dfrac{1}{8}OI=\dfrac{1}{8}\times\dfrac{4\sqrt{33}}{3}=\dfrac{\sqrt{33}}{6}$(cm)

よって，三角錐P－ABCの体積は，

$\dfrac{1}{3}\times\left(\dfrac{1}{2}\times4\times2\sqrt{3}\right)\times\dfrac{\sqrt{33}}{6}=\dfrac{2\sqrt{11}}{3}$(cm³)

データの活用編 でる順 1位

データの活用

入試問題で実力チェック！

➡本冊P.81~83

1 ア　7　イ　3　ウ　0.15

2 3回

3 平均値　22.5kWh，中央値　24.5kWh

4 ウ

5 (1)53分　(2)55分　(3)イ，エ(順不同可)

6 (1)28.5秒　(2)27.8秒

7 (1)(Ⅰ)イ　(Ⅱ)ア　(Ⅲ)ウ

(2)ウ

解説

1 ア　度数の合計が20，相対度数が0.35であるので，アにあてはまる数は，20×0.35＝7

イ　度数の合計は20なので，アより，

7＋5＋2＋イ＋2＋1＝20

イ＋17＝20

イ＝3

ウ　イの値から，3÷20＝0.15

2 データの総数が31であるので，中央値はデータの値を大きさの順に並べたときの16番目の値である。

ヒストグラムから，シュートが入った回数の16番目の値は，3回。

3 平均値は，

$\dfrac{25+24+25+26+25+6+22+24+26+22}{10}$

$=\dfrac{225}{10}=22.5$(kWh)

データの総数が10であるので，中央値はデータを値の大きさの順に並べたときの5番目の値と6番目の値の平均値である。

よって，中央値は，$\dfrac{24+25}{2}=24.5$(kWh)

4 ア：最小値や最大値など，データの中の離れた値の影響を受けにくいので，正しい。

イ：(四分位範囲)

＝(第3四分位数)－(第1四分位数)

なので，正しい。

ウ：箱ひげ図からは平均値はわからないものもあるので，誤っている。

エ：第2四分位数は中央値のことなので，正しい。

5 (1)(四分位範囲)

＝(第3四分位数)－(第1四分位数)

である。

図1の箱ひげ図より，1組の第1四分位数は32，第3四分位数は85だから，

85－32＝53(分)

(2)2組は35人だから，2組の中央値は小さい方から18番目のデータとなる。したがって，第3四分位数は18番目より大きい17個のデータの中央の値となる。17個のデータの中央は9番目なので，18＋9＝27番目のデータが第3四分位数となる。図2の表より，27番目の値は55なので，55分となる。

(3)ア：2組は35人だから，第1四分位数は小さい方から9番目のデータで，図2の表より16分だから四分位範囲は，

55－16＝39(分)となる。1組の四分位範囲は53分だから，アは正しくない。

イ：(範囲)＝(最大値)－(最小値)である。

図1の1組の箱ひげ図より，1組の最大値は115分，最小値は15分だから，範囲は，115－15＝100(分)となる。

図2の表より，2組の最大値は105分，最小値は5分だから，範囲は，

105－5＝100(分)となる。

したがって，1組と2組の範囲は等しいので，イは正しい。

ウ：図2の表より，2組には55分の生徒がいる。図1の1組の箱ひげ図より，1組

は35人だから，15分，32分，52分，85分，115分の生徒がいることは読みとれるが，55分の生徒がいるかどうかは読みとれない。したがって，**ウ**は必ず正しいとはいえない。

エ：1組は35人だから，第1四分位数は32分で，小さい方から9番目のデータなので，33分以下のデータは9個以上ある。したがって，**エ**は正しい。

オ：図1の1組の箱ひげ図からは，平均値は読みとれないので，**オ**は必ず正しいとはいえない。

6 (1)最頻値は度数が最も大きい階級の階級値だから，$\frac{28.0+29.0}{2}=28.5$(秒)

(2)$(27.5\times14+25.5+27.5+28.1+28.9+30.2+30.8)\div20=550\div20=27.8$(秒)

7 (1)(Ⅰ)(四分位範囲)

=(第3四分位数)−(第1四分位数)

であり，箱ひげ図の長方形の横の長さである。

したがって，四分位範囲が最も大きいのはC組である。よって，(Ⅰ)は正しくないので，**イ**

(Ⅱ)・A組の生徒数は35人であり，中央値は20冊より多いから，20冊より多く借りた人数は18人以上なので，借りた本の冊数が20冊以下の人数は17人以下である。

・B組の生徒数は35人であり，中央値は20冊より少ないから，借りた本の冊数が20冊以下の人数は18人以上である。

・C組の生徒数は34人であり，中央値は20冊より大きいから，20冊より多く借りた生徒数は17人以上なので，借りた本の冊数が20冊以下の人数は17人以下である。

したがって，20冊以下の人数が最も多いのはB組である。よって，(Ⅱ)は正しいので，**ア**

(Ⅲ)・A組の最大値は30冊以上35冊未満の階級にあるので，30冊以上35冊以下の冊数を借りた生徒が必ずいる。

・B組の第3四分位数にあてはまる生徒は，借りた本の冊数が少ない方から順に数えて27番目なので，第3四分位数にあたる生徒は必ずいる。

最大値は35冊以上40冊未満の階級にあるので，35冊以上40冊未満の冊数を借りた生徒は必ずいる。

しかし，30冊以上35冊以下の冊数を借りた生徒がいるかどうかはわからない。

・C組の第3四分位数にあたる生徒は，借りた冊数が少ない方から26番目なので，第3四分位数にあたる生徒は必ずいる。26番目は30冊以上35冊未満の階級にあるので，C組には30冊以上35冊以下の冊数を借りた生徒が必ずいる。

よって，(Ⅲ)はこの資料からはわからないので，**ウ**

(2)箱ひげ図の最小値，第1四分位数，中央値，第3四分位数，最大値のそれぞれに着目していく。

・最小値に着目すると，C組には0冊以上5冊未満借りた生徒がいないが，**エ**のヒストグラムには0冊以上5冊未満借りた生徒がいるので，C組は**ア**，**イ**，**ウ**のいずれかである。

・C組の第1四分位数にあたる生徒は借りた冊数の少ない方から9番目の生徒で，借りた冊数は10冊以上15冊未満であり，第3四分位数にあたる生徒は26番目の生徒で，30冊以上35冊未満，最大値は40冊以上45冊未満となるので，この条件を満たすヒストグラムは，**ア**と**ウ**のヒストグラムである。

・C組の中央値は17番目と18番目の冊数の平均値である。箱ひげ図より，20冊以上25冊未満である。**ア**のヒストグラムの17番目と18番目の冊数のどちらも15冊以上20冊未満の階級にある。**ウ**のヒストグラムの17番目と18番目の冊数のどちらも20冊以上25冊未満の階級にあるので，C組のヒストグラムは**ウ**が最も適切なものになる。

データの活用編
でる順 2位

確率

入試問題で実力チェック！ ➡本冊P.85~87

1 $\frac{5}{12}$　**2** $\frac{5}{12}$　**3** $\frac{3}{8}$

4 (1)8通り　(2)$\frac{5}{8}$　**5** 4通り

6 $\frac{1}{10}$　**7** $\frac{2}{5}$　**8** $\frac{3}{7}$　**9** $\frac{3}{5}$

10 (1)$\frac{3}{10}$　(2)10，12（順不同可）　**11** $\frac{2}{5}$

12 (1)$\frac{1}{6}$　(2)①　$\frac{4}{9}$　②　$\frac{1}{3}$

13 (1)$\frac{1}{12}$　(2)$\frac{1}{9}$

解説

1 出る目の数の積が6の倍数になる場合について○をつけると，以下のようになる。

＼	1	2	3	4	5	6
1						○
2			○			○
3		○		○		○
4			○			○
5						○
6	○	○	○	○	○	○

上の表より，出る目の数の積が6の倍数になるのは15通りであるので，求める確率は，

$\frac{15}{36}=\frac{5}{12}$

2 大小2つのさいころを同時に投げて，$a-b$が正となる場合について○をつけると，以下のようになる。

b＼a	1	2	3	4	5	6
1		○	○	○	○	○
2			○	○	○	○
3				○	○	○
4					○	○
5						○
6						

上の表より，$a-b$が正となるのは15通りであるので，求める確率は，$\frac{15}{36}=\frac{5}{12}$

3 硬貨の表と裏の出方は下の樹形図のように表せる。

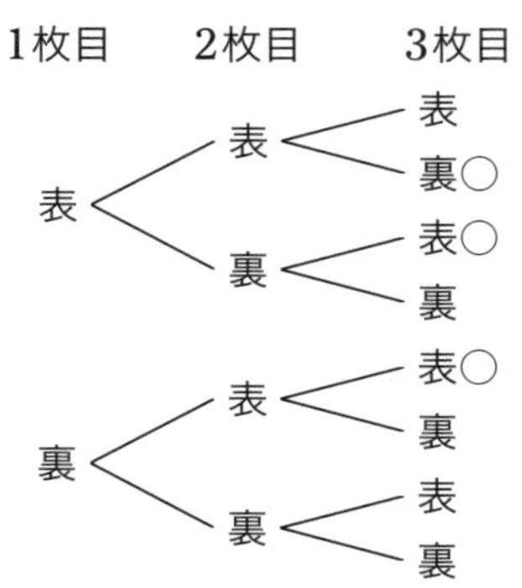

すべての場合の数は8通りで，そのうち2枚は表で1枚は裏となるのは○をつけた3通りであるので，求める確率は，$\frac{3}{8}$

4 硬貨の表と裏の出方は下の樹形図のように表せる。

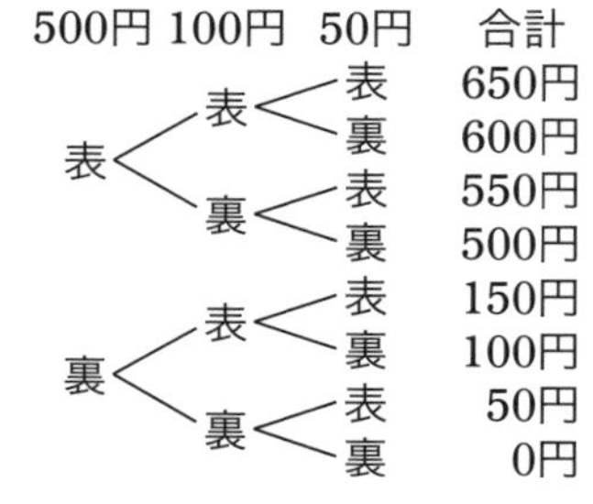

(1)上の樹形図より，表と裏の出方は，全部で8通り。

(2)表が出た硬貨の合計金額が，500円以下になるのは，上の樹形図より5通りだから，求める確率は，$\frac{5}{8}$

5 2枚のカードの取り出し方は，下の樹形図のように表せる。

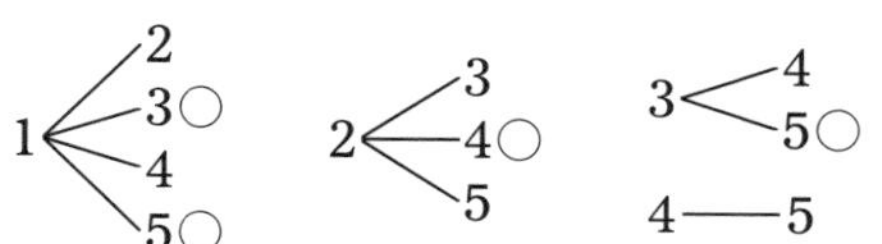

上の樹形図より，2枚のカードの数字の和が偶数になる取り出し方は○をつけた4通りである。

6 カードの取り出し方は，同時に2枚取り出すので，下の表のように数字のあるマスの10通り。

＼	3	4	5	6	7
3		12	15	18	21
4			20	24	28
5				30	35
6					42
7					

前のページの表より，2枚のカードの数字の積が，2の倍数でなく，3の倍数でもないのは，35の1通りなので，求める確率は，$\frac{1}{10}$

7 2枚のカードの取り出し方は，1枚のスペードを「ス」，2枚のハートを「ハ①」，「ハ②」，2枚のダイヤを「ダ①」，「ダ②」と表すと，（ス，ハ①），（ス，ハ②），（ス，ダ①），（ス，ダ②），（ハ①，ハ②），（ハ①，ダ①），（ハ①，ダ②），（ハ②，ダ①），（ハ②，ダ②），（ダ①，ダ②）の10通りある。
このうち，1枚はハートで1枚はダイヤとなるのは，下線をひいた4通りであるので，求める確率は，$\frac{4}{10}=\frac{2}{5}$

8 7本のくじのうち，あたりが3本であるので，求める確率は，$\frac{3}{7}$

9 5人の中から2人を選ぶ選び方は，(A，B)，(A，C)，(A，D)，(A，E)，(B，C)，(B，D)，(B，E)，(C，D)，(C，E)，(D，E)の10通りある。
このうち，女子1人，男子1人が選ばれるのは，下線をひいた6通りであるので，求める確率は，$\frac{6}{10}=\frac{3}{5}$

10 (1) 10以下の自然数で平方根が自然数となる自然数は1，4，9の3通り。
$n=10$のとき，カードの取り出し方は10通りだから，求める確率は，$\frac{3}{10}$

(2) $\frac{12}{a}$が自然数となるのは，$a=1$，2，3，4，6，12のときである。
$a=1$，2，3，4，6，12の6つの数のうちいずれかとなる確率は，
（1，2，3，4，6，12のうち，n以下の数の個数）÷nだから，

・nが12以上のとき，$\frac{12}{a}$が自然数となる確率は$\frac{6}{n}$であり，これが$\frac{1}{2}$になるのは，$n=12$のとき。

・nが6以上11以下のとき，$\frac{12}{a}$が自然数となるのは，$a=1$，2，3，4，6のときなので，確率は$\frac{5}{n}$であり，これが$\frac{1}{2}$になるのは，$n=10$のとき。

・nが$=5$のとき，$\frac{12}{a}$が自然数となるのは，$a=1$，2，3，4のときで，確率は$\frac{4}{5}$なので，不適。

・nが4以下のとき，$\frac{12}{a}$は必ず自然数になる。したがって，$\frac{12}{a}$が自然数になる確率は1なので，不適。

よって，$n=10$，12

11 点$(a，b)$が$y=\frac{2}{x}$のグラフ上の点であるとき，$ab=2$である。
2枚の1のカードを「1①」，「1②」，2枚の2のカードを「2①」，「2②」，3のカードを「3」とすると，カードの取り出し方は，5×4＝20（通り）ある。
このうち，$ab=2$となるのは，（1回目，2回目）＝（1①，2①），（1①，2②），（1②，2①），（1②，2②），（2①，1①），（2①，1②），（2②，1①），（2②，1②）の8通り。よって求める確率は，$\frac{8}{20}=\frac{2}{5}$

12 (1) 大小2つのさいころの目の出方は，6×6＝36（通り）である。
大小2つのさいころの目が同じになる出方は，（大，小）として，（1，1），（2，2），（3，3），（4，4），（5，5），（6，6）の6通りだから，求める確率は，$\frac{6}{36}=\frac{1}{6}$

(2) ①三角形ができないのは，大きいさいころの出た目が1のときと，小さいさいころの出た目が1のときと，大小のさいころの目が同じときである。

大＼小	1	2	3	4	5	6
1	○	○	○	○	○	○
2	○	○				
3	○		○			
4	○			○		
5	○				○	
6	○					○

前のページの表より，16通りあるので，

求める確率は，$\frac{16}{36}=\frac{4}{9}$

②六角形ABCDEFは正六角形だから，点A，B，C，D，E，Fは同じ円周上の点である。したがって，円周角の定理より，できる三角形の斜辺が円の直径となるとき，直角三角形ができる。よって，三角形の一辺がAD，BE，CFのいずれかであるとき，直角三角形ができる。

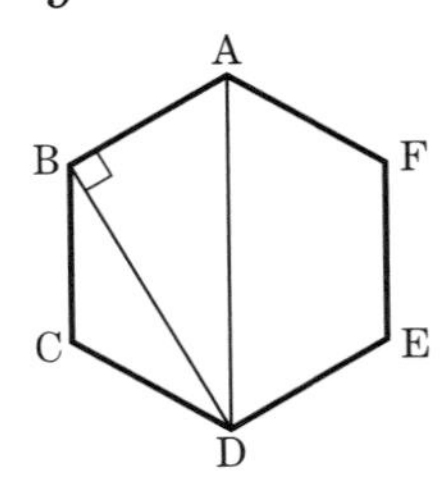

三角形が辺ADをもつとき，点A，D以外の点は，B，C，E，Fの4通りで，例えば△ADBは，大きいさいころの目が2，小さいさいころの目が4のときと，この逆の2通りがあるから，全部で$4\times2=8$（通り）である。

辺BEをもつとき，大きいさいころの目が2，小さいさいころの目が5のときと，この逆の2通りがあるから，2通り。辺CFをもつときも2通り。

したがって，直角三角形ができるのは，$8+2+2=12$（通り）なので，求める確率は，$\frac{12}{36}=\frac{1}{3}$

13 (1) $m+n=4$となるのは，$(m,\ n)=(1,\ 3)$，$(2,\ 2)$，$(3,\ 1)$の3通りである。

さいころを2回投げたときの目の出方の総数は$6\times6=36$（通り）であるので，求める確率は，$\frac{3}{36}=\frac{1}{12}$

(2) △POQが二等辺三角形になるには，**Pが線分OQの垂直二等分線上にあればよい。**

線分OQの垂直二等分線は(0，6)と(6，0)を通る直線であるので，$(m,\ n)=(1,\ 5)$，$(2,\ 4)$，$(4,\ 2)$，$(5,\ 1)$のとき，△POQは二等辺三角形になる。

よって，求める確率は，$\frac{4}{36}=\frac{1}{9}$

実力完成テスト①　➡本冊P.88~91

1 (1) -9　(2) $5\sqrt{7}$　(3) $\dfrac{-a-31b}{12}$　(4) y^4

2 (1) $(x-y+3)(x-y-3)$　(2) $-3+12\sqrt{2}$

(3) $a=2$，もう１つの解は$x=-4$

3 (1) $\dfrac{52}{3}\pi\text{cm}^3$　(2) $\sqrt{5}\pi\text{cm}^2$

(3) $(10+8\sqrt{5})\pi\text{cm}^2$

4 (1) $2:1$　(2) 54cm^2

5 (1) $\dfrac{4}{7}$　(2) $\dfrac{1}{3}$

6 (1) $a=\dfrac{1}{2}$　(2) $y=\dfrac{1}{2}x+6$　(3) $\dfrac{21}{2}$

(4) $(-18,\ 0)$，$(-6,\ 0)$（順不同可）

7 (1) 4cm^2　(2) $t^2\text{cm}^2$　(3) 6秒後

8 (1) $4\sqrt{10}\text{cm}$　(2) $\dfrac{256}{3}\text{cm}^3$

(3) $\dfrac{8\sqrt{3}}{3}\text{cm}$

解説

1 (1) $18-(-3)^2\times3=18-9\times3=18-27=-9$

(2) $\sqrt{7}\times\sqrt{147}\div\sqrt{3}-2\sqrt{7}$
$=\sqrt{7}\times7\sqrt{3}\div\sqrt{3}-2\sqrt{7}$
$=7\sqrt{7}-2\sqrt{7}=5\sqrt{7}$

(3) $\dfrac{2a-4b}{3}-\dfrac{3a+5b}{4}$
$=\dfrac{4(2a-4b)-3(3a+5b)}{12}$
$=\dfrac{8a-16b-9a-15b}{12}=\dfrac{-a-31b}{12}$

(4) $9x\times(xy^2)^3\div(-3x^2y)^2=\dfrac{9x\times x^3y^6}{9x^4y^2}=y^4$

2 (1) $x^2-2xy+y^2-9=(x-y)^2-9$
$x-y=A$とおくと，
$(x-y)^2-9=A^2-9$
$=(A+3)(A-3)$
Aをもとにもどして，
$(A+3)(A-3)$
$=\{(x-y)+3\}\{(x-y)-3\}$
$=(x-y+3)(x-y-3)$

(2) $x^2-xy-y^2=x^2-y^2-xy$
$=(x+y)(x-y)-xy$より，
$\{(\sqrt{6}+\sqrt{3})+(\sqrt{6}-\sqrt{3})\}$
$\times\{(\sqrt{6}+\sqrt{3})-(\sqrt{6}-\sqrt{3})\}$
$-(\sqrt{6}+\sqrt{3})(\sqrt{6}-\sqrt{3})$
$=2\sqrt{6}\times2\sqrt{3}-(6-3)=-3+12\sqrt{2}$

(3) $x^2+ax-8=0$に$x=2$を代入すると，
$2^2+2a-8=0$
$4+2a-8=0$
$2a=4$
$a=2$
よって，もとの2次方程式は，
$x^2+2x-8=0$
$(x-2)(x+4)=0$
$x=2,\ -4$
$x=2$以外の解は$x=-4$

3 (1)もとの円錐の体積から小さい円錐の体積をひけばよい。右の図のように点を決めると， 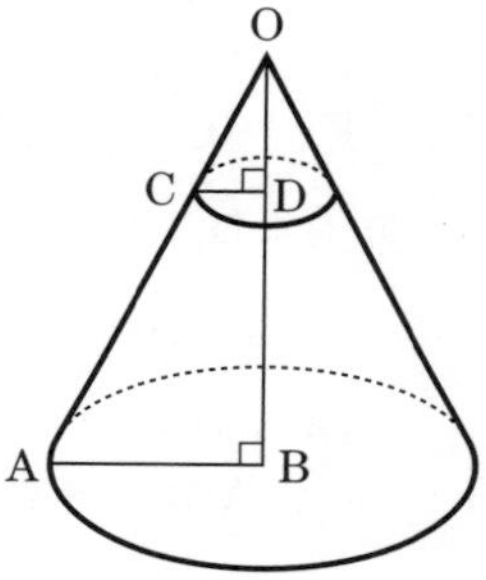
$\triangle\text{OBA}\backsim\triangle\text{ODC}$だから，
$\text{OB}:\text{OD}$
$=\text{BA}:\text{DC}$
$6:\text{OD}=3:1$
$3\text{OD}=6$
$\text{OD}=2(\text{cm})$
したがって，求める体積は，
$\dfrac{1}{3}\times(\pi\times3^2)\times6-\dfrac{1}{3}\times(\pi\times1^2)\times2$
$=18\pi-\dfrac{2}{3}\pi=\dfrac{52}{3}\pi(\text{cm}^3)$

（別解）小さい円錐と大きい円錐は相似で，相似比は$1:3$だから，体積比は$1^3:3^3=1:27$である。
よって，残った立体は大きい円錐の$\dfrac{26}{27}$なので，$\dfrac{1}{3}\times(\pi\times3^2)\times6\times\dfrac{26}{27}$
$=\dfrac{52}{3}\pi(\text{cm}^3)$

(2) $\triangle\text{ODC}$で三平方の定理より，
$\text{OC}=\sqrt{1^2+2^2}=\sqrt{1+4}=\sqrt{5}(\text{cm})$
$\text{CD}=1\text{cm}$より，求める側面積は，
$\sqrt{5}\times1\times\pi=\sqrt{5}\pi(\text{cm}^2)$

(3) $\triangle\text{OBA}$で三平方の定理より，
$\text{OA}=\sqrt{6^2+3^2}=\sqrt{36+9}$
$=\sqrt{45}=3\sqrt{5}(\text{cm})$
立体の側面積は，

$3\sqrt{5}\times3\times\pi-\sqrt{5}\pi$
$=9\sqrt{5}\pi-\sqrt{5}\pi=8\sqrt{5}\pi(\text{cm}^2)$

立体の表面積はこの側面積と上面，下面の円の面積の和であるので，

$\pi\times1^2+\pi\times3^2+8\sqrt{5}\pi=\pi+9\pi+8\sqrt{5}\pi$
$=(10+8\sqrt{5})\pi(\text{cm}^2)$

4 (1) Cを通りFDに平行な直線をひき，ABとの交点をGとする。

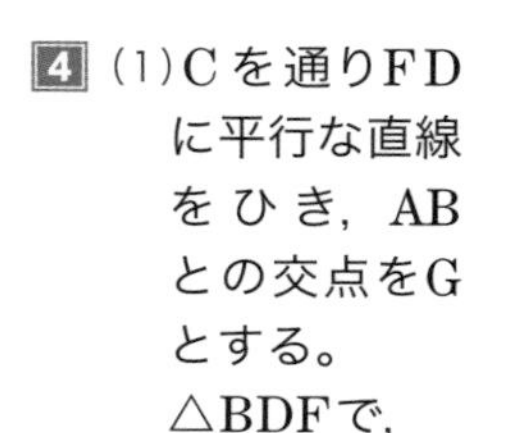

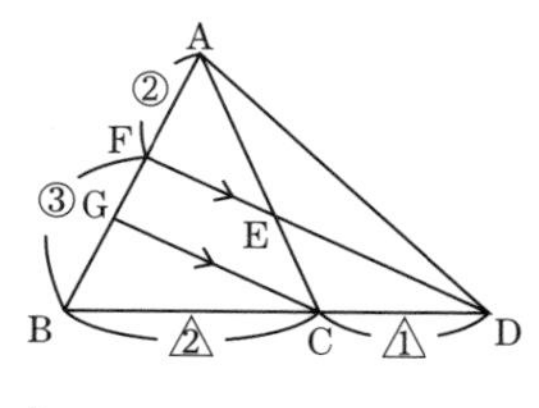

△BDFで，
GC//FDであるから，
BC：CD＝2：1より，BG：GF＝2：1
よって，AF：FG：GB＝2：1：2
FE//GCより，AE：EC＝AF：FG＝2：1

(2) (1)より，AE：AC＝2：3であるから，

$\triangle ACD=\dfrac{3}{2}\times\triangle AED=\dfrac{3}{2}\times12=18(\text{cm}^2)$

DC：DB＝1：3より，

$\triangle ABD=3\times\triangle ACD=3\times18=54(\text{cm}^2)$

5 (1) 7個のうち4個が赤色の球であるので，$\dfrac{4}{7}$

(2) 赤色の球を「赤1」，「赤2」，「赤3」，「赤4」，青色の球を「青1」，「青2」，白色の球を「白」と表すと，球の取り出し方は，
(赤1，赤2)，(赤1，赤3)，(赤1，赤4)，
(赤1，青1)，(赤1，青2)，(赤1，白)，
(赤2，赤3)，(赤2，赤4)，(赤2，青1)，
(赤2，青2)，(赤2，白)，(赤3，赤4)，
(赤3，青1)，(赤3，青2)，(赤3，白)，
(赤4，青1)，(赤4，青2)，(赤4，白)，
(青1，青2)，(青1，白)，(青2，白)の21通りある。
同じ色の球が出るのは下線をひいた7通りであるので，求める確率は，$\dfrac{7}{21}=\dfrac{1}{3}$

6 (1) 放物線は$A\left(-3,\ \dfrac{9}{2}\right)$を通るので，

$\dfrac{9}{2}=a\times(-3)^2$

$9a=\dfrac{9}{2}\quad a=\dfrac{1}{2}$

(2) Bのy座標は，$y=\dfrac{1}{2}\times4^2=8$

よって，B(4，8)なので，直線ℓは$\left(-3,\ \dfrac{9}{2}\right)$，(4，8)を通る。

直線ℓの傾きは，

$\left(8-\dfrac{9}{2}\right)\div\{4-(-3)\}=\dfrac{7}{2}\times\dfrac{1}{7}=\dfrac{1}{2}$

直線ℓの式を$y=\dfrac{1}{2}x+b$とすると，
(4，8)を通るので，

$8=\dfrac{1}{2}\times4+b$

$8=2+b\quad b=6$

よって，直線ℓの式は，$y=\dfrac{1}{2}x+6$

(3) P(0，6)より，M(0，3)で，PM＝6－3＝3

$\triangle AMB=\triangle AMP+\triangle BMP$
$=\dfrac{1}{2}\times3\times3+\dfrac{1}{2}\times3\times4=\dfrac{9}{2}+6=\dfrac{21}{2}$

(4) △ABC＝△AMBより，△ABCは底辺ABが共通で△AMBと高さが等しい三角形である。
また，y軸上にPM＝PNとなるN(0，9)をとると，△AMBと△ANBは底辺ABが共通で高さは等しいから，△AMB＝△ANBとなる。
よって，Cは，**Mを通り直線ℓに平行な直線**(…①)とx軸との交点，もしくは，**Nを通り直線ℓに平行な直線**(…②)とx軸との交点である。

①の直線の式は，$y=\dfrac{1}{2}x+3$であり，x軸との交点のx座標は，

$0=\dfrac{1}{2}x+3$

$0=x+6$

$x=-6$

よって，C(－6，0)

②の直線の式は，$y=\dfrac{1}{2}x+9$ であり，x軸との交点のx座標は，

$0=\dfrac{1}{2}x+9$

$0=x+18$

$x=-18$

よって，C(－18，0)

7 (1) 2秒後は，PはAD上に，QはAB上にあり，AP＝4cm，AQ＝2cmなので，

$\triangle APQ=\frac{1}{2}\times4\times2=4(cm^2)$

(2) $0\leqq t\leqq5$ のとき，PはAD上に，QはAB上にあり，$AP=2t$cm，$AQ=t$cmなので，

$\triangle APQ=\frac{1}{2}\times2t\times t=t^2(cm^2)$

(3) 右の図のように，$5\leqq t\leqq\frac{15}{2}$ のとき，PはDC上に，QはBC上にある。

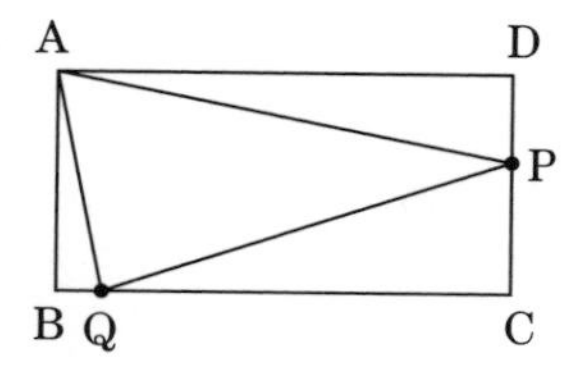

$BQ=t-5(cm)$，$DP=2t-10(cm)$，
$QC=10-(t-5)=15-t(cm)$，
$PC=5-(2t-10)=15-2t(cm)$ であるから，

$\triangle APQ$
$=$長方形ABCD$-\triangle ABQ-\triangle ADP-\triangle PQC$

$=5\times10-\frac{1}{2}\times(t-5)\times5$

$-\frac{1}{2}\times10\times(2t-10)$

$-\frac{1}{2}\times(15-t)(15-2t)$

$=50-\frac{5}{2}(t-5)-10(t-5)$

$-\frac{1}{2}(t-15)(2t-15)$

$=50-\frac{5}{2}t+\frac{25}{2}-10t+50$

$-\frac{1}{2}(2t^2-45t+225)$

$=100-\frac{25}{2}t+\frac{25}{2}-t^2+\frac{45}{2}t-\frac{225}{2}$

$=-t^2+10t$

$\triangle APQ=24cm^2$ となるとき，

$-t^2+10t=24$

$t^2-10t+24=0$

$(t-4)(t-6)=0$

$t=4,\ 6$

$5\leqq t\leqq\frac{15}{2}$ より，$t=6$

8 (1) 立方体の表面を通って，辺ABを通過するようにQ，Rを結ぶとき最短距離となるのは，展開図で右の図のようになるときである。

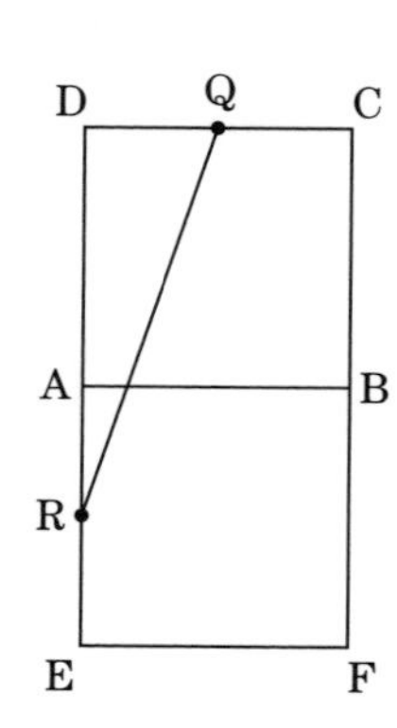

$\triangle RDQ$ で $\angle D=90^\circ$ であるから，三平方の定理より，

$QR=\sqrt{4^2+12^2}$
$=\sqrt{16+144}=\sqrt{160}$
$=4\sqrt{10}(cm)$

(2) $\triangle BFC$ を底面，ABを高さと考えると，

三角錐B－ACF$=\frac{1}{3}\times\left(\frac{1}{2}\times8\times8\right)\times8$
$=\frac{256}{3}(cm^3)$

(3) $\triangle ABC$ は45°，45°，90°の直角二等辺三角形であるので，

$AB:AC=1:\sqrt{2}$
$8:AC=1:\sqrt{2}$
$AC=8\sqrt{2}(cm)$

AF，FCはACと同様に正方形の対角線なので，$\triangle ACF$ は1辺の長さが $8\sqrt{2}$ cmの正三角形である。

よって，

$\triangle ACF=\frac{1}{2}\times8\sqrt{2}\times\left(8\sqrt{2}\times\frac{\sqrt{3}}{2}\right)$
$=\frac{\sqrt{3}}{4}\times(8\sqrt{2})^2=32\sqrt{3}(cm^2)$

Bから $\triangle ACF$ にひいた垂線の長さを $h$cmとすると，三角錐B－ACFの体積について，

$\frac{1}{3}\times\triangle ACF\times h=\frac{256}{3}$

$\frac{1}{3}\times32\sqrt{3}\times h=\frac{256}{3}$

$\sqrt{3}h=8$

$h=\frac{8}{\sqrt{3}}=\frac{8\times\sqrt{3}}{\sqrt{3}\times\sqrt{3}}=\frac{8\sqrt{3}}{3}(cm)$

実力完成テスト②

➡本冊P.92~95

1 (1) $\frac{42\sqrt{2}}{5}$ (2) $12x^2-16x+6$ (3) $8-4\sqrt{5}$

(4) $x=\frac{-7\pm\sqrt{17}}{4}$ (5) $x=1,\ y=1$

(6) $y=\frac{1}{2}x+\frac{5}{2}$ (7) $\frac{1}{9}$

(8)

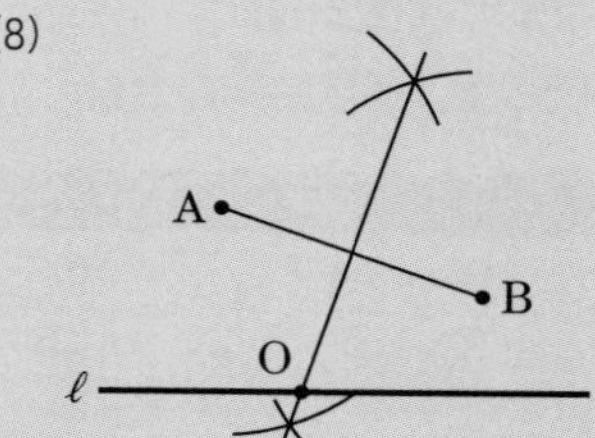

2 平均値　2.6回，最頻値　2回，
中央値　2回，第1四分位数　2回，
第3四分位数　4回

3 28度

4 (1) $\begin{cases} x+y=1400 \\ \dfrac{x}{70}+\dfrac{y}{140}=15 \end{cases}$

(2) $\begin{cases} 70x+140y=1400 \\ x+y=15 \end{cases}$

(3) 700m

5 (1) △ADFと△BDCにおいて，
対頂角は等しいから，
∠ADF＝∠BDC　…①
CDは∠ACBの二等分線であるので，
∠ACD＝∠DCB　…②
AF＝ACより，△AFCは二等辺三角形であるので，∠ACD＝∠DFA　…③
②，③より，∠DFA＝∠DCB　…④
①，④より，2組の角がそれぞれ等しいので，△ADF∽△BDC

(2) ① (1)より，△ADF∽△BDCなので，
AD：BD＝AF：BC
$=8:\dfrac{24}{5}$
＝5：3
よって，AD：AB＝5：8　…㋐
仮定より，
AE：AC＝(8－3)：8
＝5：8　…㋑
㋐，㋑より，△ABCにおいて，
AD：AB＝AE：AC＝5：8
よって，平行線と線分の比の関係より，
DE//BC

② $\dfrac{12\sqrt{39}}{5}\text{cm}^2$

6 (1) $y=15x+2500$　(2) 60分
(3) プラン　プランB，通話時間の合計　75分

解説

1 (1) $\left(\dfrac{24}{5}+12\right)\times\dfrac{1}{\sqrt{2}}=\dfrac{84}{5}\times\dfrac{\sqrt{2}}{2}=\dfrac{42\sqrt{2}}{5}$

(2) $3(2x-1)^2-2(2x-1)+1$
$=3(4x^2-4x+1)-2(2x-1)+1$
$=12x^2-12x+3-4x+2+1$
$=12x^2-16x+6$

(3) $(x+1)(x-1)$
$=\{(\sqrt{5}-2)+1\}\{(\sqrt{5}-2)-1\}$
$=(\sqrt{5}-1)(\sqrt{5}-3)$
$=(\sqrt{5})^2-3\sqrt{5}-\sqrt{5}+3$
$=8-4\sqrt{5}$

(4) $2x^2+7x+4=0$
$x=\dfrac{-7\pm\sqrt{7^2-4\times2\times4}}{2\times2}$
$=\dfrac{-7\pm\sqrt{49-32}}{4}=\dfrac{-7\pm\sqrt{17}}{4}$

(5) $\begin{cases} 2x+3y=5 & \cdots① \\ 3x-2y=1 & \cdots② \end{cases}$
①×2＋②×3より，
$4x+6y=10$
$+)\ 9x-6y=3$
$13x\quad=13$
$x=1$　…③
③を①に代入すると，
$2+3y=5$
$3y=3$
$y=1$

(6) 直線の傾きは，
$\dfrac{3-1}{1-(-3)}=\dfrac{2}{4}=\dfrac{1}{2}$
直線の式を$y=\dfrac{1}{2}x+b$とすると，(1，3)を通るので，
$3=\dfrac{1}{2}\times1+b$
$b=\dfrac{5}{2}$
よって，求める直線の式は，$y=\dfrac{1}{2}x+\dfrac{5}{2}$

(7) さいころを2回投げるときの目の出方の総数は6×6＝36(通り)

＼	1	2	3	4	5	6
1				○		
2			○			
3		○				
4	○					
5						
6						

上の表から，出る目の数の和が5になるの

は4通りであるので，求める確率は，

$\frac{4}{36}=\frac{1}{9}$

(8)A，Bを通る円の中心はA，Bから等しい距離にあるので，線分ABの垂直二等分線上にある。円の中心は直線ℓ上にあるので，線分ABの垂直二等分線と直線ℓの交点が求める円の中心Oである。

2 データの値を小さい順に並べると，1，1，2，2，2，2，3，4，4，5となる。
平均値は，

$\frac{1\times2+2\times4+3+4\times2+5}{10}=\frac{26}{10}=2.6$(回)

最頻値は，2回。
データの総数が10であるので，中央値は5番目の値と6番目の値の平均値となり，5番目の値と6番目の値はどちらも2回なので，中央値は2回。
第1四分位数は小さい方から3番目の値なので，2回となる。
第3四分位数は小さい方から8番目の値なので，4回となる。

3 右の図のように正五角形の頂点をA，B，C，D，Eとして，ACをひく。

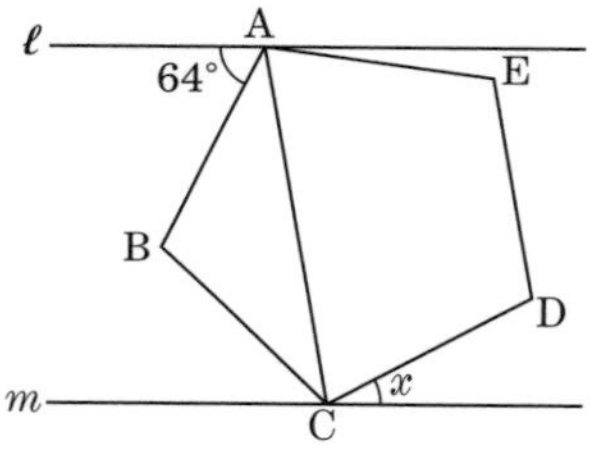

正五角形の1つの内角は，
$180°\times(5-2)\div5=108°$なので，
$\angle ABC=\angle BCD=108°$
AB＝BCなので，△ABCは二等辺三角形であるから，
$\angle BAC=\angle ACB=(180°-108°)\div2=36°$
$\angle ACD=\angle BCD-\angle ACB=108°-36°=72°$
直線ℓとmは平行なので，錯角は等しいから，
$64°+\angle BAC=\angle ACD+\angle x$
よって，$64°+36°=72°+\angle x$
$\angle x=28°$

4 (1)Aさんが歩いた道のりxmと走った道のりymの合計が，家から公園までの道のり1400mだから，

$x+y=1400$

分速70mでxm歩いたから歩いた時間は$\frac{x}{70}$分，分速140mでym走ったから走った時間は$\frac{y}{140}$分，家を出てから公園に着くまでにかかった時間は15分だから，

$\frac{x}{70}+\frac{y}{140}=15$

(2)Aさんが歩いた時間x分と走った時間y分の合計が，家を出てから公園に着くまでにかかった時間15分だから，$x+y=15$
分速70mでx分歩いたから歩いた道のりは$70x$m，分速140mでy分走ったから走った道のりは$140y$m，家から公園までの道のりは1400mだから，

$70x+140y=1400$

(3)(1)の連立方程式を使う場合，

$$\begin{cases} x+y=1400 & \cdots① \\ \frac{x}{70}+\frac{y}{140}=15 & \cdots② \end{cases}$$

②×140－①より，$x=700$
①に代入して，$y=700$(m)
これは問題に適しているので，Aさんが家を出てから歩いた道のりは700m

(2)の連立方程式を使う場合，

$$\begin{cases} 70x+140y=1400 & \cdots① \\ x+y=15 & \cdots② \end{cases}$$

①÷70－②より，$y=5$
②に代入して，$x=10$
これは問題に適している。
Aさんが家を出てから分速70mで10分歩いたので，歩いた道のりは，

$70\times10=700$(m)

5 (2)②直径に対する円周角なので，$\angle AEB=90°=\angle BEC$，△BCEで三平方の定理より，

$BE=\sqrt{\left(\frac{24}{5}\right)^2-3^2}=\sqrt{\frac{576}{25}-9}$

$=\sqrt{\frac{351}{25}}=\frac{\sqrt{351}}{5}=\frac{3\sqrt{39}}{5}$(cm)

よって，

$\triangle ABC=\frac{1}{2}\times8\times\frac{3\sqrt{39}}{5}$

$=\frac{12\sqrt{39}}{5}$(cm^2)

6 (1)プランAの月額料金は，基本使用料が500円，1分間ごとの通話料が15円，通信料が2000円であるので，

$y=500+15x+2000=15x+2500$

(2) プランBの月額料金は，基本使用料が800円，1分間ごとの通話料が10円，通信料が2000円であるので，

$y=800+10x+2000=10x+2800$ …①

プランAの月額料金は，(1)より，

$y=15x+2500$ …②

①，②より，yを消去して，

$10x+2800=15x+2500$

$5x=300$

$x=60$

(3) プランAの月額料金は$y=15x+2500$と表せるので，料金が3550円のとき，

$3550=15x+2500$

$15x=1050$

$x=70$

よって，70分通話ができる。 …①

同様に，プランBの月額料金は$y=10x+2800$と表せるので，料金が3550円のとき，

$3550=10x+2800$

$10x=750$

$x=75$

よって，75分通話ができる。 …②

プランCの月額料金は，基本使用料が1200円，1分間ごとの通話料が5円，通信料が2000円であるから，

$y=1200+5x+2000=5x+3200$

と表せるので，料金が3550円のとき，

$3550=5x+3200$

$5x=350$

$x=70$

よって，70分通話ができる。 …③

①，②，③より，月額料金が3550円以下のとき最も長く通話できるプランはプランBであり，そのときの通話の合計時間は75分である。